种田致富50招

●黄国洋 主编

浙江科学技术出版社

图书在版编目(CIP)数据

种田致富50招/黄国洋主编.—杭州:浙江科学技术出版社,2014.10

ISBN 978-7-5341-6277-0

Ⅰ.①种… Ⅱ.①黄… Ⅲ.①作物-科学种田 Ⅳ.①S5-33

中国版本图书馆CIP数据核字(2014)第223954号

书　　名　种田致富50招
主　　编　黄国洋

出版发行　浙江科学技术出版社
杭州市体育场路347号　邮政编码:310006
办公室电话:0571-85176593
销售部电话:0571-85176040
网　址:www.zkpress.com
E-mail:zkpress@zkpress.com
排　　版　杭州大漠照排印刷有限公司
印　　刷　杭州丰源印刷有限公司

开　　本　880×1230　1/32　　印　张　6.25
字　　数　168 000
版　　次　2014年10月第1版　　2014年10月第1次印刷
书　　号　ISBN 978-7-5341-6277-0　　定　价　24.00元

责任编辑　詹　喜　　封面设计　金　晖
责任校对　刘　燕　　责任印务　徐忠雷

本书编委会

主　　任　王建跃

副 主 任　黄国洋

委　　员　王岳钧　吴海平　鲁长根　倪治华　毛祖法

本书编写人员

主　　编　黄国洋

副 主 编　俞燎远　吴早贵

编写人员（按姓氏笔画排序）

马聪良　王文华　王世福　王伟毅　王华英　王华建

王高林　毛伟强　孔海民　叶飞华　叶长文　叶火香

田漫红　朱伟锋　刘关海　许廉明　孙　钧　芮利刚

苏英京　吴　平　吴田铲　吴早贵　吴纯清　吴美娟

吴海平　何建芬　谷利群　邹文武　邹秀琴　应海良

怀　燕　张　启　张　林　张　琴　张育青　陆若辉

陆德彪　陈　青　陈　俊　陈一定　陈子敏　陈孟华

陈能阜　邵国庆　林　辉　金　晶　金国强　金昌林

周光明　周金钱　周炎生　周锦连　郑军辉　胡红强

胡金龙　胡美华　俞燎远　姜娟萍　姚学良　姚永金

贾惠娟　钱文春　徐　丹　徐　波　徐文武　徐锦涛

殷益民　高安忠　郭成根　陶云彬　黄茜斌　黄洪明

龚佩珍　崔东柱　章心惠　董久鸣　蒋玉根　傅丽青

楼　平　赖建红　褚剑峰　廖益民　翟福勤　熊彩珍

潘飞云　潘美良

序

农业增效、农民增收，始终是农业发展的目标。浙江地少人多，是个农业资源小省。浙江的省情决定了浙江必须走精品农业、生态农业之路。近些年来，浙江省按照高效生态农业的要求，深入贯彻中共浙江省委“两美浙江”发展战略，围绕稳粮增效总目标，立足集约、节约利用耕地，加快农作制度创新、农业科技创新和经营机制创新，加大政策支持力度，优化农业公共服务，构建了优质高产、节本增收、安全生态的新型农业生产模式，有效地提高了资源利用率和土地产出率，促进了产业互融、品质优化和效益提升。

浙江省农业技术推广中心收集全省农业科技人员多年来辛勤研究的成果，组织编写了《种田致富 50 招》一书。本书内容包括粮油、蔬菜、水果、蚕桑、茶叶、食用菌、中药材、花卉等众多产业的增产、提质、增效技术和地力培肥技术，涵盖了种养模式、单项技术以及多产业的技术集成配套。这些模式和技术经过各地试验示范，被证实为行之有效的农田增产增收、提质增效的良技良法。全书集浙江省农业先进适用技术之精华，篇幅短小精悍，表述浅显易懂，实为农民和各类生产主体致富增收的好帮手，也是浙江省发展高效生态农业的技术宝典。

黄祖辉

2014 年 8 月 29 日

前 言

近年来，浙江省围绕粮油作物提产、经济作物提质、土壤肥力提升，加快先进适用新技术的推广应用，有力地推动了现代农业的发展。粮油作物以高产创建为抓手，实现了水稻单产历史性的突破；土肥以测土配方施肥、有机质提升和沃土工程为抓手，推进了耕地质量的不断提升。为切实抓好果蔬、茶桑、菌药和花卉等经济作物的提质增效工作，2013年浙江省农业技术推广中心收集、筛选了50种经济作物提质增效栽培新技术，在全省开展了经济作物提质增效新技术示范点建设，把示范点作为经济作物新技术推广应用的着力点和主平台，通过示范点建设，集中展示经济作物最新技术，推动经济作物品质、效益提升，促进产业转型升级和农民增收。

经过一年多的实施，示范点建设取得了预期成效。主要表现在：一是产量提高，大部分示范点比面上增产10%以上。二是品质提升，特别是水果、蔬菜等商品性提升明显，如采用梨棚架栽培技术可使优质果率达到90%以上，比普通栽培提高20个百分点左右；‘东魁’杨梅网室栽培每千克售价比普通栽培提高16～20元。三是节本增效，如大棚番茄越冬长季节栽培水肥一体化技术每亩可节水100米^3，节肥247元；秀珍菇省力化网格式栽培技术可降低成本15%，节省能源30%，生产效率提高20倍。四是多产多收，如茶园养鸡、桑园养鸡等，在不影响茶、桑正常生产的情况下，增加了鸡、蛋收入，提高了土地利用率；夏秋速生叶菜标准化生产技术复种指数可达500%。五是生态循环，大部分技术在注重产量和品质的同时，兼顾了生态环境的优化，如稻耳轮作既能有效降低稻、耳病虫害发生率，菌糠还田还能培肥地力，减少化肥施用量；蔬菜残体无害化处理及循环利用技术避免了蔬菜残体对环境的污染，经过处理后变废为宝，成为优质的农家肥。

本书以经济作物提质增效新技术示范点建设为基础，收集了目前生产上主推的蔬菜、水果、茶叶、蚕桑、食用菌、中药材、花卉以及鲜食型旱杂粮等提质增产、节本增收新技术，包括新品种、新产品（设施设备）、新技术（方式）、新模式等，内容丰富，语言简练，图文结合，以技术要点的形式深入浅出地介绍了每项技术的具体操作办法，易懂易学，可操作性强，实为广大基层农技人员和农业从业主体不可多得的生产指导用书。

编者

2014年10月

目　录
CONTENTS

蔬菜瓜果篇 /

水果篇 /

茶叶篇 /

蚕桑篇 /

特产篇 /

旱粮篇 /

土肥篇 /

蔬菜瓜果篇

SHU CAI GUA GUO PIAN

种 田 致 富 50 招

第1招 大棚番茄越冬长季节栽培水肥一体化技术

一 基本情况

水肥一体化技术是水和肥同步供应的农业新技术，它是借助压力灌溉系统，根据土壤养分含量和作物种类的需肥规律特点，将可溶性固体肥料或液体肥料配兑而成的肥液与灌溉水一起均匀、准确地输送到作物根部土壤。采用灌溉施肥技术，可按照作物生长需求，进行全生育期需求设计，把水分和养分定量、定时，按比例直接提供给作物，满足作物不同生长期需水、需肥规律要求，从而提高肥料的有效利用率，增加番茄产量，改善果实品质，也可明显节省劳力投入，降低生产成本，具有省肥、省工、节水、增产、增效等特点，受到广大农户的欢迎。2013年，苍南县种植番茄3.05万亩，全面应用水肥同灌技术，但大部分为简易滴灌，其中应用微蓄滴灌的有2100多亩，主要分布在灵溪、龙港、马站、钱库等乡镇。

番茄水肥一体化技术栽培

肥水一体化灌溉系统首部

（二）示范点情况

2013年在苍南县龙港镇凤江村直升蔬菜专业合作社建立示范点，基地面积232亩。据测算，与传统的简易滴灌相比，一季番茄每亩节水100米^3，节肥247元，产量可达7750千克，总产值21000元，增收4000元，并且由于施肥方法的改变，肥料的施用次数增加，每次的使用量减少，番茄的果型更均匀，番茄的商品性提高。

（三）技术要求

1. 优选品种

选择高产、抗病、优质、商品性好、市场适销对路番茄品种，主要有'宏图'、'菲达'等。

2. 穴盘育苗

穴盘育苗以草炭、蛭石等为基质，以不同孔穴的塑料穴盘为容器，采用人工或机械方式把种子播种于装满基质的穴盘穴孔中，经过培育一次成苗的育苗方式。其方法是将育苗基质装入育苗盘并浇透水，一穴播1粒种子，播种后用蛭石盖面，并用喷水壶适量均匀喷水，也可采用底盘倒吸法，一般苗龄25天左右移栽。穴盘育苗可节约育苗劳力和用种量，降低育苗病虫危害，方便农事操作，有利于台风、洪涝避灾。

3. 水肥一体

沟施或翻耕前撒施基肥，每亩施腐熟栏肥3000～5000千克，钙镁磷肥50千克，三元复合肥（N15－P10－K20）60千克，在第二穗果实直径达3厘米左右时开始追肥，每亩追施水溶性肥料（N15－P10－K30）5千克，每隔15天追施一次，水肥通过膜下滴灌一起施入。

4. 保温防冻

采用大棚多层覆盖保温，12月下旬至次年回温前，大棚内加盖两层膜，夜间中棚要夹扣封闭，防止漏风。

5. 病虫害综合防控

苗期主要病虫害有猝倒病、病毒病、烟粉虱、斑潜蝇等；结果期病虫害主要有烟粉虱、斑潜蝇、青枯病、病毒病、灰霉病、叶霉病、早疫病、晚疫病、溃疡病等。病虫害综合防控坚持"以农业防治为基础，物理防治、生物防治和化学防治相协调"的无害化治理原则。

（1）农业防治。开展"番茄—水稻"水旱轮作；加强肥水管理，及时排灌，配方施肥，增施腐熟有机肥和磷钾肥，提高作物抗病能力；保持通风良好，及时清洁田园；培育无病虫害的壮苗。

（2）物理防治。应用50目防虫网覆盖育苗，隔离烟粉虱、蚜虫；利用黄板进行诱杀蚜虫、烟粉虱，每亩悬挂黄色粘虫板（25厘米×40厘米）30～40块。

（3）生物防治。利用生物制剂防治病虫，如用假单孢杆菌防青枯病。

（4）化学防治。优先选择生物农药，严格选择使用高效、低毒、低残留的化学农药。使用时要注意对症下药，不滥用药。交替用药，不盲目加大用药量，严格遵守使用次数和安全间隔期。

技术指导：浙江省农业技术推广中心陈能阜、朱伟锋，温州市农业局农业站邹文武，苍南县农业局农业站林辉

第2招
番茄标准化嫁接育苗技术

一 基本情况

标准化嫁接育苗技术是将机械化精量播种、集约化基质育苗、嫁接苗温湿双控化管理与嫁接技术相结合形成的现代化嫁接育苗技术。番茄嫁接育苗能增强植株抗逆性能和提高产量，番茄嫁接苗以抗青枯病、根腐病和枯萎病等优点被广大农户采纳应用，大大降低了病害发生率，嫁接番茄每亩产量稳定在6000千克左右，比常规苗每亩增产20%左右。2013年，嘉善县冬春茬大棚番茄种植面积1万多亩，其中应用嫁接育苗50%以上，以农户自行嫁接为主，主要集中在姚庄、干窑等镇，近年来，示范推广集约化嫁接育苗技术，取得明显成效。

嘉善棚友蔬果专业合作社育苗基地

番茄嫁接

（二）示范点情况

示范主体为嘉善棚友蔬果专业合作社。该合作社位于嘉善县番茄生产集聚区——姚庄镇，专业从事番茄嫁接苗的生产，基地总面积80亩，现有育苗连栋大棚1万米^2，配套水幕降温系统、加热系统、愈合室等一整套现代化育苗设施，已建成为一个集引种示范、种苗繁育、技术服务于一体的现代化种苗生产供应基地，与省有关科研院所合作，形成为农户提供优质番茄嫁接苗和订单生产的新型模式。合作社年育苗能力达700万株，其中嫁接苗110万株，合作社成立以来，已累计为农户提供番茄嫁接苗2000万株，推广应用大田生产面积6000多亩，用苗农户每亩增收2000～3000元，累计为农民增收1000多万元。

（三）技术要点

1. 设施要求

要求建有夏天能降温、冬天能加温的育苗连栋大棚，配备催芽室、嫁接操作台、嫁接愈合室及番茄嫁接苗运输设备等。

2. 砧木选择

选择亲和性和抗病性强的砧木，根据需要有针对性地选择。原则上春茬、越夏、秋茬应选用抗青枯病、枯萎病能力强的砧木；越冬茬、早春茬则应选用抗根腐病能力强的砧木。常用的有‘浙砧1号’、‘健壮’系列砧木等。

3. 播前准备

番茄嫁接育苗一般采用穴盘育苗，为了防止嫁接操作过程中砧木和接穗倒接，砧木和接穗育苗盘应分别使用不同规格的穴盘，或用不同颜色的育苗盘加以区分，重复使用的育苗盘可用800倍的高锰酸钾浸泡消毒。育苗基质可自行调配，也可直接购买商品育苗基质。自行配制基质时要防止基质带菌。

4. 播种

番茄嫁接育苗要求嫁接的每盘砧木苗和接穗苗整齐一致，方便操作，也可采用分段育苗，即先用方盘播种，出苗后再按大小移入穴盘培育。

5. 小苗苗床管理

嫁接前番茄苗的素质对嫁接成活率的影响很大。嫁接前小苗的管理主要是防止番茄苗徒长，具体可通过通风等方法调控温度和湿度，也可通过化控使番茄苗健壮。

6. 嫁接

（1）番茄嫁接育苗可采用套管法，为提高嫁接效率，目前主要采用针接法，也称“内固定”法。

（2）嫁接前的准备。嫁接前两天给番茄苗喷一遍杀菌剂，嫁接前一天给番茄苗浇足水分。

（3）嫁接方法。采用断面为六角形、粗0.6毫米、长1.8厘米的木工蚊钉，将接穗和砧木连接起来，经试验在植物体内不影响植物的生长。番茄针式嫁接时嫁接苗应稍大一些，一般以接穗2.5片真叶左右，砧木3～3.5片真叶为宜。嫁接时选砧木苗与接穗苗粗细一致的幼苗，注意砧木和接穗的切面对齐，并保持嫁接苗呈直线状态。针式嫁接法与其他嫁接方法相比，技术环节简单、操作容易、嫁接速度快、成活率高。

7. 嫁接苗苗床管理

嫁接苗的最适生长温度为25℃，温度低于20℃或高于30℃均不利于接口愈合，影响成活率。嫁接后育苗场所要封闭保湿，嫁接苗嫁接前要充分浇水，保证嫁接后3～5天内空气湿度为99%。嫁接后2～3天可不进行通风，第三天以后选择温暖而空气湿度较高的傍晚和清晨通风，每天通风1～2次，6～7天后可进入正常管理。

8. 壮苗标准

番茄嫁接苗在冬春季育苗的壮苗标准为苗龄70～80天，苗高20厘米左右，茎粗0.5厘米以上，且上下尖削度小，节间短，节间长基本相等。具有子叶和5～6片真叶，叶片肥厚，叶色浓绿，无病虫害。

番茄嫁接苗在夏秋季的壮苗标准为苗龄在35～45天，苗高15～20厘米，茎粗0.4厘米以上，4～5片真叶。

技术指导：嘉善县农经局经作站徐丹、翟福勤，
浙江省农业技术推广中心胡美华

第3招 ‘红颊’草莓健康种苗繁育技术

(一)基本情况

‘红颊’草莓种苗

‘红颊’是浙江省的草莓主栽品种，种植比例占三分之二以上，但‘红颊’草莓苗具有易感炭疽病的特点，严重制约了浙江省草莓育苗产业健康发展。通过草莓健康种苗繁育技术集成示范，较多莓农掌握了‘红颊’草莓育苗的新

‘红颊’草莓育苗基地

技术、新药剂，基本解决了草莓易感炭疽病的育苗难问题。草莓健康种苗繁育技术既可控制炭疽病危害，繁育优质种苗，又可有效控制‘红颊’草莓“花而不实”及畸形果等不良现象的发生，可有效破解‘红颊’草莓种苗繁育瓶颈问题，提高草莓产量、品质，减少农药的使用。草莓健康种苗繁育技术对促进建德乃至全省草莓育苗产业持续健康发展具有重要意义，目前该技术在建德市应用面积近万亩，建德市已成为浙江省‘红颊’草莓苗主产区，种苗销往全国各地，经济效益、社会效益显著。

二 示范点情况

2013年在建德市大同镇黄家村、官村桥村建立草莓健康种苗繁育技术示范基地，面积100亩，示范主体为建德市红姬草莓专业合作社。通过草莓健康种苗繁育技术示范，积极开展组培脱毒和新品种引进筛选，建立三级种苗繁育圃，尤其是对种苗的选择、子苗繁育期限、控制苗的生长和繁育、防病药剂的选择等一系列的试验摸索，得出一套完整的‘红颊’草莓育苗的技术规程。通过“前促中控后稳”措施，控制炭疽病危害，草莓苗的繁育数量和质量得到保证，且苗粗壮。该示范点亩繁育草莓健康种苗5.1万株，每亩总产值25500元以上，其中每亩成本7000元，每亩净利润18500元，省工节本1600元，每亩增收11800元。该示范点作为2013年全省草莓育苗技术现场会的考察培训点，起到了良好的示范效果。

三 技术要点

1. 前促

繁育母株选用品种纯正、根系良好、植株健壮、无病虫害的越冬专用种苗，或质量有保证的脱毒苗，也可使用当年挂果良好、品种特性相符的'红颊'草莓无病生产苗。3月下旬至4月上旬适时带土移栽，可在畦两侧双行或畦的中间一行定植，株距40～60厘米，每亩栽600～1000株。草莓繁苗母株定植后，勤浇施稀人粪肥，促使母株成活，以后必须保持土壤湿润，以促发匍匐茎。4～6月是子苗繁育的主要阶段，肥料应适量多施，每间隔15～20天施一次稀人粪肥或0.3%尿素，促进子苗繁育生长，使发苗率达到60%左右。5～6月要加强田间去杂、去劣工作，确保草莓苗纯度。在每次植株整理后、感病季节下雨后都应及时喷药保护，药剂可选用70%代森联（品润）水分散粒剂500倍液，或60%唑醚·代森联（百泰）水分散粒剂800倍液，或25%咪鲜胺（施保克）乳油1000倍液，或70%甲基硫菌灵可湿性粉剂700倍液等，若遇暴雨或台风等天气，天晴后立即选用25%吡唑醚菌酯（凯润）乳油2000倍液等进行治疗性防治。

2. 中控

7月以后要控制苗的生长，肥料尽量少施或不施肥，应忌施氮肥过多造成莓苗旺长。结合防病进行控苗，可选用75%戊唑醇·肟菌酯（拿敌稳）水分散粒剂3000倍液，或43%戊唑醇（好力克）悬浮剂4000倍液等控制莓苗旺长，促进子苗老化，以顺利度过高温高湿季节。

3. 后稳

8月以后要加强草莓苗田间管理，及时摘除老叶确保通风降湿，并重点做好炭疽病防治工作。在清理植株感病部位后，选用25%凯润浮油1500倍液，或25%使百克1000倍液，或25%咪鲜胺（施保克）乳油1000倍液，或60%百泰水分散粒剂800倍液喷施防治。为控制影响草莓苗花芽分化，8月以后尽量不使用三唑类药剂防治。

技术指导：浙江省农业技术推广中心胡美华，
建德市农业局水果站廖益民

第4招
高山冷水茭白节本增效技术

（一）基本情况

茭白是浙江省特色主导蔬菜品种，全省年栽培面积40余万亩，位居全国第一。利用高山台地在夏秋高温季节具有相对凉爽的气候条件、无公害环境和水田资源优势，通过政府引导，加大扶持力度，大力发展高山冷水茭白，在蔬菜供应的淡季7～9月上市，生产的茭白品质好、价格高、效益稳定，不但实现茭农增收，还丰富了城乡居民菜篮子。目前全省已培育形成缙云、磐安、新昌、景宁、天台、松阳、庆元等高山冷水茭白规模化生产基地，面积近10万亩。

收获的高山冷水茭白

高山冷水茭白基地

（二）示范点情况

2013年在景宁县大漈乡彭村建立高山冷水茭白节本增效技术示范点，面积500亩，辐射带动面积5000亩以上。据统计，2013年500亩示范点收商品茭白809.25吨，平均每亩产量1618.5千克，茭白年平均收购价每千克5.65元，每亩产值9144元。由于2013年8～9月孕茭膨大期遇到历史罕见的高温干旱天气，单产比2012年减310千克，减幅为16.07%，但因茭白价格高，市场收购价每千克较往年提高1.65元，每亩产值增加1430元，增幅为18.5%。其中，高产攻关田9.5亩，平均每亩产值1.12万元，如茭农彭一东种植茭白1亩，亩产值达1.39万元。

茭白每亩生产成本投入：化肥420元；农药78.3元；种苗300元；人工费每亩用工13工、每工120元，合计1560元；田租费平均每亩900元；总合计每亩投入3258.3元。以平均每亩产值1.12万元测算，扣除茭白每亩投入3000多元，纯收入近6000元。

（三）技术要点

1. 选择优良品种

全面推广应用单季茭白品种‘美人茭’，良种覆盖率达到100%，并引进‘金茭2号’等单季茭白新品种，并开展品种比较试验，建立无公害生产示范点和高产攻关，取得了较好的示范作用。

2. 开展标准化生产

通过建设高山冷水茭白标准化生产基地，用“雪松牌”高山茭白企业标准来指导农民操作，推行农产品无害化生产，建立健全田间档案；指导农民合理施肥、安全用药，有效地保护了生态环境，确保了农业的可持续发展。

重点推广薹管寄秧育苗技术。改原来茭白秧整株连根种植或分墩的方式，通过采用上年孕茭率高的茭白薹管扦插育秧种植，寄秧成活后及时定植，可节省劳力和秧田，且年年选种，更新品种，提高茭白孕茭率和孕茭一致性，减少雄茭的发生。薹管寄秧成苗后年前即可栽插，根据各地气候不同，山区茭白秋冬季秧插植时间一般不宜超过11月中旬（即下霜前）或推迟到第二年3月，否则茭苗易受冻害，影响秧苗成活率。为便于田间管理操作，采用宽窄行栽插，密度一般以行距80厘米，株距40厘米，每亩栽3000丛左右为宜。

3. 肥促化调技术

根据高山冷水茭白的生育特性、各生育时期的需肥量进行合理施肥。该示范点全面采用“肥促化调”技术，实行统一化肥供应，统一施肥时间，控制化肥用量，特别是控制氮肥的使用量，增加有机肥的用量。主要推广了茭白茎叶制作的堆肥，每亩增施了300千克，化肥每亩减少用量30千克，据调查，每亩节约化肥成本52.6元，500亩示范点共节约化肥成本2.63万元。

4. 病虫害绿色防控技术

该示范点在病虫害防治上主要采用了农业防治、物理防治、生物防治等技术。示范点频振式杀虫灯、性诱捕器的使用全覆盖，操作安全方便，防治效果理想，提高了茭白产品质量安全性。由于这项技术的推广减少了农药的用量和次数，据调查统计，每亩节约农药成本37.5元；节约治虫用工2工，每工按120元计算，可节约人工成本240元；两项合计每亩节约成本277.5元，500亩示范点共节约成本13.87万元，同时提高了高山冷水茭白品质。

5. 应用高效种植模式

推广应用茭白田套养泥鳅、田螺技术，在大漈乡彭村高山冷水茭白田实行泥鳅、田螺套养试验示范面积150亩，取得了较好效益。据调查统计，泥鳅每亩产量一般在7千克左右，田螺每亩产量在10千克，2013年市场收购价：泥鳅每千克70元、田螺每千克32元，茭白田套养泥鳅、田螺一般每亩增收490～320元。

技术指导：浙江省农业技术推广中心胡美华，丽水市农业局农作站周锦连，景宁县农业局陈孟华

第5招
山地茄子剪枝复壮长季节栽培技术

一 基本情况

该技术主要针对200～400米海拔山地区域茄子露地栽培，利用茄子再生能力强，恢复结果快的习性，采用剪枝复壮技术一次种植二茬采摘，克服了夏秋高温高湿及病虫频发等不良环境因素对茄子生长结果的制约，实现一次种植二季收获。同时，采用嫁接技术有效减轻茄子青枯病等病害的发生，采用水肥一体化技术节约水资源，特别是2013年

山地茄子剪枝复壮

大旱年份成效显著，基本实现了产品在夏秋淡季的均衡上市，延长生长采摘期60余天，提高产品的产量与品质。该集成技术模式主要分布在临安市清凉峰、龙岗一带，全市应用面积6000余亩。

山地茄子越夏栽培

（二）示范点情况

2013年在临安市清凉峰镇九都村建立示范点，面积580亩。茄子与水稻隔年水旱轮作，茄子于1月下旬至2月中旬播种、温床育苗，4月下旬至5月上旬移栽，7月中旬生长采收到中后期时剪枝，剪枝后25～30天即可二次采收至10月上旬，冬作小麦或油菜。应用该技术山地茄子平均每亩产量达6000千克以上，单位面积的投入产出率提高了30%，优质商品率提高25%以上，平均每亩产值11200元，每亩提质节本增收合计3300元，是农业增效、农民增收短平快的好技术。

（三）技术要点

1. 品种选择

选择市场适销对路品种主要有‘杭丰一号’、‘杭茄一号’、‘杭茄2008号’、‘引茄一号’等。

2. 播种、育苗

宜选择在1月下旬至2月中旬播种，采用大棚内套小拱棚或温床育苗。3月下旬至4月上旬，幼苗2～3片真叶时及时分苗，重点做好保温防寒工作，白天棚温保持在25～28℃、夜间15℃左右。

3. 及时定植

（1）整地筑畦。田块选择种植地海拔在200～400米，三年内未种过茄果类作物和马铃薯的山地或前作为水稻田，畦宽130～150厘米（连沟），畦高15～25厘米，并浇足底水。

（2）施肥覆膜。每亩施腐熟有机肥3000千克，另加复合肥40千克或磷肥35～40千克、尿素10～15千克、硫酸钾15千克（或草木灰100千克）作底肥，采用开畦沟深施，磷肥也可在定植时穴施。畦面地膜覆盖，膜下铺设滴灌带。

（3）适期移栽。4月下旬至5月上旬，当苗龄达到80天以上、幼苗长至6～8叶期，及时选取壮苗移栽，行株距50×40厘米，每畦种2行，每亩栽2200株左右，连作地块采用嫁接苗。

4. 大田管理

定植后浇缓苗水，及时中耕，2～3天滴水灌溉一次，雨水过多时，要及时清沟排水，以降低田间湿度，减轻病害发生。一般从茄子开花结果到剪枝前应施追肥2次，时间为第三次采收后和剪枝前一周，以后每隔15天左右追肥1次，每亩施尿素10～12.5千克、三元复合肥5～7.5千克，整个生育期还应用0.3%～0.5%磷酸二氢钾液喷施4～5次。

5. 整枝修剪

（1）整枝摘叶。采用双干整枝，门茄坐稳后抹除下部腋芽，对茄开花后再分别将下部腋芽抹除，只保留两个向上的主枝。植株封垄后及时摘除枝干上的老叶、病叶和黄叶，第八、第九个果坐果后及时摘芯，同时清理枝叶。

（2）剪枝处理。进入"八面风"果实生长中后期剪枝，并掌握在天气转入初伏期，即7月20日前后的1周以内，选择晴天上午10时前和下午4时后或阴天进行，在四母斗一、二级侧枝保留3～5厘米剪梢。如有条件可用蜡质涂封剪口，同时清扫地面枝叶并集中烧毁。剪枝后即行半沟水灌溉，夜灌昼排，保持茄田湿润。

（3）剪后管理。经过修剪的植株，第二、第三天腋芽萌发并开始生长，应及时用50%多菌灵500倍液或77%可杀得600倍液或50%速克灵1500倍液喷雾2～3次，防治新梢叶面病害，同时注意治蚜。因修剪刺激往往造成腋芽萌发过多，剪后5～7天当新梢长至10厘米左右，应及时抹去多余的腋芽，各侧枝只保留1～2个新梢。以后即转入常规管理。

6. 适时采收

茄子定植后35～40天，或实施剪枝后25～30天即可采收，每亩前期产量可达2900千克，后期产量可达3200千克，总产在6000千克以上。

技术指导： 浙江省农业技术推广中心陈能阜，杭州市农业局农作处郑军辉，临安市农业局农作站王高林

第6招
大棚西瓜、甜瓜蜜蜂授粉技术

一 基本情况

平湖西瓜有三百多年的种植历史，有“江南第一瓜”的美称，是浙江省平湖市的传统优势产业、2000年6月，平湖市被中国特产之乡命名暨宣传活动组委会命名为“中国西瓜之乡”。由于大棚相对密闭的生产环境，昆虫等授粉媒介活动少，使大棚瓜果的正常授粉坐果受到一定影响，生产上常采用人工辅助授粉或激素来促进坐果，费工费力工效低。为了顺应西瓜生产及消费的发展变化，实现西瓜优质节本增效，平湖市在设施西瓜上进行蜜蜂授粉试验，取得明显成效。采用蜜蜂授粉技术的大棚西瓜产量高、品质好，产品销售价格高，经济效益明显。目前蜜蜂授粉技术在设施西瓜上基本得到普及，平湖市西瓜也因蜜蜂授粉取得良好口碑及特色。同时，大棚甜瓜采用蜜蜂授粉技术也取得了显著成效。西瓜、甜瓜是浙江省重要经济作物，全省设施栽培面积达40.5万亩，蜜蜂授粉技术的推广将促进浙江省西

大棚西瓜

大棚西瓜蜜蜂授粉

瓜、甜瓜产业的转型升级，实现以质取胜、节本增效。

二 示范点情况

2013年在平湖市广陈镇龙萌村新广现代农业综合区内建立示范点，面积100亩，实施主体为平湖市勤耕家庭农场。应用大棚西瓜、甜瓜蜜蜂授粉技术后，平湖市勤耕家庭农场西瓜平均每亩产量2700千克、产值8640元，扣除每亩成本4145元，平均每亩效益达4495元。其中，每亩产量增加120千克，每亩增效益360元；西瓜提质售价每千克增加0.2元，每亩增效益540元；每亩省工节本90元；三项合计每亩增效益990元，每亩增加效益28.2%，节本增效明显。大棚西瓜、甜瓜蜜蜂授粉技术还在全市辐射带动2100亩，以每亩节本增效990元计算，共节本增效207.9万元。

三 技术要点

1. 授粉蜜蜂品种

平湖意蜂，又称平湖王浆高产蜂种，俗称平湖“浆蜂”。平湖意蜂属于蜜蜂科，蜜蜂属，西方蜜蜂种，意大利蜂亚种。平湖意蜂是以意大利蜂为蓝本，经二十多年的定地饲养，定向择优选留和种群集团繁育，除形态特征与原意大利蜂基本一致外，工蜂王浆腺泌浆期达20日龄，发生了显著的遗传变异。平湖意蜂是长期人工“干预”下形成的，是人工选育的结果，是新型地方蜜蜂遗传资源。一般于4月10日以后在外界油菜花蜜源充足的情况下组织授粉蜂群自然繁育西瓜、甜瓜授粉。

2. 放置蜜蜂授粉箱及管理措施

在西瓜长至20节左右，第一朵雌花完全开放，第二朵雌花（15～18节）开放前4～7天放入蜜蜂箱（蜜蜂箱为木箱，防闷热效果好）。放蜂密度为一个大棚（0.8～1亩）放入一箱蜜蜂。蜂群放入大棚时间应在傍晚，蜂箱应放置在大棚北边偏三分之一的地方，因为蜜蜂习惯往南飞。每一授粉标准群配备2框脾蜂（4000～5000只蜂，其中包含封子脾和幼虫脾），蜂箱内在底部放置2.5千克的冰糖，用塑料袋包裹，上面扎些小孔。一般情况下，10天管理一次蜂群，保证每箱蜂箱内有2.5千克左右的饲料冰糖，预防蜜蜂饿死。

因蜜蜂喜干燥环境，蜂箱最好放置在高于作物10～20厘米的地方，下面用架子垫高。蜂箱放置到大棚后，蜂箱盖要掀起，利于蜜蜂进出蜂箱。蜜蜂授粉时，大棚温度控制在15～35℃，湿度控制在30%以上。蜜蜂对农药特别敏感，在对棚内西瓜进行喷药防病治虫时，须暂时将蜂群撤出大棚，以防药害，喷药后2～3天再原位搬入大棚。

3. 田间管理

西瓜移栽在靠近畦间沟的位置，以方便西瓜整藤理蔓和采摘。非嫁接西瓜采取二蔓整枝，一株留二根藤，嫁接西瓜采取三蔓（株距75厘米）、四蔓（株距85厘米）整枝。在西瓜长至20节左右、第二朵雌花结瓜约在核桃大小时理藤圈藤，把笔直的瓜藤顺时针绕大半圈呈斜六字形拉回到原来移栽的位置，瓜藤顶端与移栽位置在一条直线上，所有理过的瓜藤均匀放置。这时第一个瓜结在17～18节，靠近畦间沟，以方便采摘。瓜藤20节以后再向棚边生长，这样瓜藤非常整齐，一方面可以节省人工，另一方面通过拉藤可以抑制营养生长，促进生殖生长，第二批瓜在28节左右结瓜，结在畦的中间位置，第三批瓜结在靠近棚边的位置，所有西瓜定位生长，方便管理和采摘。一般在第二批瓜以后结果的位置插入竹签，方便疏果。

技术指导：浙江省农业技术推广中心陈能阜，平湖市农业局经作站龚佩珍、吴平

第7招 甜瓜春秋两季设施栽培技术

一 基本情况

近年来，浙江省厚皮甜瓜，尤其是以‘东方蜜’、‘甬甜5号’等为代表的脆皮型甜瓜产业发展很快，年栽培面积突破10万亩。甜瓜春秋两

甜瓜春秋两季设施栽培

成熟的甜瓜及包装盒

季设施栽培技术模式充分利用春秋两季自然温光条件和现代农业设施，实行一年二熟高产优质高效种植，春秋两季甜瓜每亩产达到3500～5000千克，每亩产值4万元以上，经济效益十分显著，是浦江近年来发展起来的高效种植模式。

二 示范点情况

示范点位于浦江县省级现代农业综合区内，地处浦江县黄宅镇六联村，基地面积120亩，甜瓜品种以宁波农科院蔬菜所选育的甬甜系列为主（'甬甜5号'和'甬甜7号'），实施主体为浦江力升农业开发有限公司，商标为"上山农耕"，实行规模化种植、标准化生产、商品化处理、品牌化销售。2012年公司投入300余万元，建成标准钢架大棚100亩、微灌系统100亩，并且配套了路渠沟和电力设施。通过采用大棚设施栽培，应用滴管、水肥一体化、蜜蜂授粉等关键技术，2013年春秋两季优质甜瓜每亩产达到3500千克，每亩产值4.2万元。

三 技术要点

1. 茬口安排

春季播种时间为1月下旬至2月上旬，3月上中旬移栽，5月底到6月底采收；秋季栽培播种时间为8月上中旬，8月中下旬移栽，10月中旬开始采收。

2. 栽培要点

（1）适时播种。春季播种时间为1月下旬到2月上旬，采用穴盘育苗，1～2月气温正值一年中最低期，育苗采取电热线加温及补光措施；秋季栽培播种时间为8月上中旬。

（2）及时移栽。春季播种，苗龄40天左右，3月上中旬移栽。秋季栽培，苗龄7～10天，8月下旬移栽。

（3）合理密植。采用宽行高畦、吊蔓方式，行距0.9～1.0米、株距0.4米左右，密度1200～1500株/亩。

（4）水肥管理。施足基肥：商品有机肥400～500千克/亩。及时追肥：伸蔓期和膨大期各一次，采用滴灌追肥，重施膨瓜肥，一般为10千克复合肥，5千克硫酸钾。成熟前10天，停止供水供肥，防裂瓜。

（5）蜜蜂授粉。选用本地土蜂，根据甜瓜雄花开放情况决定蜂群进棚时间，当雄花开放前7天，把蜂箱放置于大棚门边让蜜蜂适应环境。摘雄花把花粉拌入糖水中，饲喂蜜蜂，使蜜蜂适应甜瓜花粉，3～4天加喂一次，一个标准钢架大棚放置1箱，每箱3脾。由于一个大棚面积不大，蜂箱可以放置在大棚两头的任何一边。根据天气情况，棚内放蜂时间为7～10天。授粉后及时进行疏花疏果，留果节位在第13～15节，每株留瓜1～2个。

（6）土壤处理。7～8月进行灌水翻耕，加生石灰（或石灰氮）高温闷棚土壤处理。生石灰75～100千克/亩，同时，每亩加入1千克硼砂和2.5千克细沙搅拌均匀后撒入，灌水后覆盖旧地膜。

（7）绿色防控。应用杀虫灯、昆虫性诱剂、黄板、防虫网等绿色防控技术。

（8）及时采收。春季栽培的采收期一般在5月下旬至6月底，秋季栽培的采收期在10月中下旬至11月底。甜瓜成熟后适时采收，并进行分级包装，用泡沫圈护瓜，粘贴品牌标签上市销售。

技术指导： 浙江省农业技术推广中心胡美华，
浦江县农业局蔬菜办高安忠

第8招
甜瓜—晚稻水旱轮作高效种植技术

（一）基本情况

甜瓜栽培

大棚甜瓜后种植水稻

春季甜瓜—单季晚稻模式，是一种粮经结合、水旱轮作的高效种植模式。2013年，湖州市应用该模式面积达1200多亩，既取得了较好的经济效益，又增加了粮食产量，达到了“千斤粮万元钱”的稳粮增收效果，还有效缓解了大棚土壤盐渍化严重等土壤障碍问题，对减轻甜瓜病虫害，提高甜瓜产量水平和安全质量，保持土壤的可持续生产作用明显。

二 示范点情况

湖州市南浔区康源生态农业专业合作社是一家从事瓜果蔬菜生产的专业合作社，蔬菜园区总面积200多亩，其中大棚设施面积100多亩。因多年设施种植，出现了越来越严重的土壤障碍问题，对瓜果蔬菜的生产造成了较大的影响。为解决该问题，2013年合作社进行了20亩面积的春季甜瓜—单季晚稻模式试验。甜瓜采用立式栽培，平均每亩产1750千克，产值15750元；晚稻采用直播轻型栽培技术、机械收割技术和病虫害综合防控技术，平均每亩产455千克，产值1192元；两季合计，每亩产值达到16942元，总产值33.88万元，除去总成本13.85万元，总利润20.03万元，平均每亩净利润为10017元。

三 关键技术要点

1. 做好茬口安排

春季甜瓜于1月下旬至2月上旬播种，3月上中旬定植，5月中旬至6月上旬采收。单季晚稻于6月下旬直播，或5月20～25日播种，秧龄30～35天，6月25日左右移栽，11月中旬收割。

2. 选好品种

甜瓜要选择熟期早、长势强、抗病性强、品质优，后期不裂瓜品种，如‘玉姑’、‘蜜天下’、‘蜜玉’、‘古拉巴’等。晚稻要根据种植方式灵活选用品种。

3. 春季甜瓜栽培要点

（1）育苗。采用基质营养钵电热线散热方式育苗，于二叶一芯至三叶一芯时选晴天定植。

（2）作畦施基肥。8米棚作4畦，畦宽1米、高30厘米，畦中纵向开沟施腐熟有机肥2000千克，三元复合肥30千克，钙镁磷肥30千克。

（3）定植。每畦种两行，株距60厘米，每亩定植1200株。黑色地膜覆盖，打孔种植。定植后如遇5℃以下夜温情况，需小拱棚覆盖，加强夜间保温。

（4）栽培管理。采用立架栽培，单蔓整枝，每株留1果。摘除11节以下和15节以上节位的所有侧枝，保留12～15节位侧枝作为坐果枝，并留2叶摘芯。主蔓25～28叶摘芯。蜜蜂授粉或人工授粉。授粉后做好时间标记，有利于采收。果实鸡蛋大小时疏果留果，250克左右时吊瓜。

（5）病虫害防治。病害主要有蔓枯病叶枯病、细菌性角斑病等。防治蔓枯病，首先要注意在晴天上午整枝以利伤口及时愈合，防止病菌从伤口侵入，其次采取叶面喷雾和药剂涂喷基部相结合方法进行药剂防治，可用64%杀毒矾（恶霜灵锰锌）1000倍液喷雾防治，植株基部可用50%多菌灵10倍液涂喷。防治细菌性叶枯病、细菌性角斑病，可用72%农用硫酸链霉素3000倍液喷雾防治。

虫害主要有蚜虫和潜叶蝇。防治蚜虫可用10%吡虫啉2000倍液喷雾防治；防治潜叶蝇可用1%阿维菌素乳油2000倍液，或75%潜克（灭蝇胺）可湿性粉剂4000倍液喷雾防治。

4. 单季晚稻栽培要点

（1）播种。如采用直播方法，应用‘秀水519’品种，每亩播种量4千克，种子经药剂处理，于6月20日浸种，于6月25日催芽后播种。如采用育苗移栽方法，则可根据播栽时间选用当地推广的晚稻品种特性进行育秧。

（2）施肥技术。施肥量比常规栽培（油—稻、麦—稻）田块减少一半以上；充分利用大棚甜瓜遗留的土壤肥力水平，只施氮肥不施磷钾肥。全生育期施两次肥料，以氮化肥尿素为主，每亩用量控制在5～7.5千克，促使稻苗正常生长。

（3）水浆管理。前茬与后茬作物要有一个合理间隔期，一般用10天左右时间空当来处理田块的盐渍化问题。先灌水浸田数日，然后放干水，再重新灌上满水进行机耕洗田。放干后待晚稻播种，减轻土壤盐渍化程度，有利于种子播后立苗扎根，提高成秧率。

甜瓜轮作晚稻要注重水浆管理，防止倒伏。一般播后15天内以湿润为止，二叶一芯期及时灌水护苗，必要时做一些洗盐措施，灌一次水层至2～3天后放干，间隔2～3天后再灌上水，干湿交替，促根防倒。

（4）病虫草害防治。

草害防治：设施大棚的土壤中杂草较为严重，必须从机耕前开始做好田间杂草防控工作。首先清理大棚作物残留物和杂草后再灌水上田进行机耕。在播后至5天内及时做好封闭性除草，控制杂草种子的萌发。在水稻二叶一芯期即晚稻播后15～20天内做好化学除草工作，用稻喜防除稗草。

病虫害防治：用吡虫啉防治稻蓟马一次，用稻腾防治稻纵卷叶螟二次，用吡蚜酮防治稻飞虱一次。另外，要注意条纹叶枯病、纹枯病等防治工作。总的来说，病虫发生及危害程度较轻，防效较好。

（5）合理选择晚稻种植方式。甜瓜后茬晚稻采用直播轻型栽培、机械收割和病虫害综合防控等技术，比较省力，操作简便。但从高产角度看，以播种育秧移栽方式更好，可利用秧田1个月时间提早播种、扩大品种选择余地、提高晚稻抗倒伏能力和产量水平，但增加了育秧移栽工序，各地可根据各自条件选择。

技术指导： 湖州市农作站叶飞华，南浔区农作站姚学良，
浙江省农业技术推广中心胡美华、田漫红

第9招
西蓝花—早稻高效轮作技术

（一）基本情况

西蓝花—早稻轮作是台州市临海、三门、温岭、路桥等地近年大力推广的新模式，2013年临海市应用面积1万多亩，主要分布在杜桥、上盘、桃渚三镇，占西蓝花基地面积的20%。台州市应用面积约4.5万亩，占西蓝花面积的30%。实践证明，该模式农业生产功能优良，抗自然风险和市场风险能力较强，生态效益、社会效益和经济效益良好。

西蓝花—早稻轮作轮作

1. 拓展发展空间

土地资源的限制是现阶段及今后农业发展的重要制约因素，西蓝化—早稻轮作模式可以大大拓展早稻发展空间，同时可以利用早稻后作扩大西蓝花种植面积。

2. 生态效益显著

作为早稻后作，西蓝花病虫害减少，特别是黑斑病、黑腐病明显减

临海西蓝花栽培基地

西蓝花收获后种植早稻

少。2010年12月15日考察，在12月7日至14日连续阴雨后，轮作田西蓝花花球黑斑病发生率为6%，并且发病程度很轻；对比田西蓝花花球黑斑病发生率为12%，并且发病程度较重。据12月22日考察，轮作田西蓝花黑腐病发病株率为23%，并且发病程度很轻，以老叶为主；对比田西蓝花黑腐病发病株率为50%，并且发病程度较重。同时，西蓝花—早稻轮作可以切断斜纹夜蛾、甜菜夜蛾和小菜蛾的食物链，降低主要病虫害基数，保证西蓝花产品实现农残“零检出”。

3. 社会效益明显

早稻是国家粮食储备的重要品种，是粮食加工业的重要原材料，增加早稻产量有利于本地区粮食安全。同时，发展早稻符合国家政策，可以享受政策性补贴。作为早稻后作，西蓝花安全性好，抗自然风险和市场风险能力较强，有利于产业发展理念和后劲的提升，同时可以成为粮食生产功能区和现代农业综合园区，得到各级领导重视和财政项目资金支持，提高技术装备水平。

4. 经济效益稳定

西蓝花—早稻轮作模式在气候资源、技术和市场等方面稳定，国家早稻收购价逐年提高，优势季节西蓝花价格稳中有升，可以取得良好的经济效益。目前粮食每亩产量450千克，每亩产值约1900元（包括补贴450多元）；西蓝花每亩产量1800千克或2800个球，每亩产值一般3800～4500元。全年每亩产值可达5500～6000元，每亩创经济效益（纯利润）2500～3000元。

二 示范点情况

示范点位于临海市东部省级农业综合区内，地点在杜桥镇塘下村，2013年完成土地整理和粮食生产功能区项目建设，成片面积3387亩。2014年计划全面实施西蓝花—早稻轮作模式，上半年种植早稻3000亩，下半年种植西蓝花3387亩。实施主体是临海市沃土粮食专业合作社，该合作社是台州市规范化专业合作社，占地面积5亩，建筑面积超过5000米^2，建有稻谷烘干机12台，拥有插秧机、收割机、大型拖拉机、高压植保喷雾机、全自动种子发芽箱等各类农机设备92台套，具备良好的粮食全程机械化生产能力。

三 技术要点

主要关键技术是轮作早稻土地整理、机械喷播、田间除草、机械收获、机械烘干等。

1. 土地整理

土地平整是种植早稻的难点，采用旋耕机水耕和水开沟作业平整土地，畦宽5.2米，平整度好，早稻直播效果比较理想。可排可灌，保持出苗期、孕穗期干干湿湿，分蘖末期和后期及时排水。

下半季主要做好深沟高畦，确保田间排水畅通，严防积水危害。在土壤基本干燥后先用大型旋耕机旋耕1遍，再用开沟机在宽畦中间开沟，畦宽2.3米，沟深0.3米，沟宽0.3米，畦两头各开一条横沟，横沟深、宽各0.3米，沟渠相通，可排可灌。定植前再用旋耕机旋耕1遍就可达到种植西蓝花的要求。

2. 直播早稻

直播早稻关键技术是培育全苗、除草剂使用和水分管理。

（1）及时播种。根据品种生育期长短，掌握在8月上旬前能收获，避开8月中、下旬台风灾害较多发生时收获，防止灾害损失。一般在4月10～20日播种。

（2）催芽露白播种，早春气温变化大，如盲目提早播种容易造成烂种烂芽。

（3）化学除草。播后2～4天（立针期、稻谷有短根入土）每亩用40%直播净（苄·丙草胺）或35%吡嘧·丙草胺60克加水45千克喷雾除草，喷药时保持土壤湿润、田面不积水、沟内有浅水，喷药后5天保持土壤湿润。

在三叶期，如稗草严重，用25%二氯喹啉酸50克加10%苄嘧磺隆15克或32%苄·二氯40克加水45千克喷雾；如千金子严重，用氰氟草酯20～60毫升加水45千克喷雾。喷药前排干水，喷药后24小时复水，不能淹没秧苗芯叶，并保存水层5～7天。

（4）水分管理。出苗期干干湿湿，以湿为主；分蘖、孕蘖期要保持浅水层，灌浆期保持土壤干干湿湿，成熟期排干水，防止土壤过湿而影响后作。

（5）机械化生产。规模化生产必须尽量减少人力成本，早稻生产从土地整理，机械化播种，机械化收割，再到采用稻谷烘干机烘干，有效控制生产成本。

3. 西蓝花

（1）做好生产布局与播种期安排。牢固坚持“1月上市为中心”的原则不动摇，兼顾11月、12月和2月市场，适当开发4～5月市场，基地

11月、12月、1月、2月上市量比例尽量做到10%、30%、35%、25%，可基本实现市场平衡供应，交易价格和效益稳定。

（2）全面采用穴盘育苗，成苗率可以达到95%，并且具有四抗（抗大风、抗暴雨、抗涝灾、抗病虫）三省（省苗床、省种子、省人工）二稳（稳生育期、稳整齐度）一增（增经济效益）的技术效果。

（3）全面采用斜纹夜蛾、甜菜夜蛾和小菜蛾性诱剂防虫，实施农药“四统一”管理（统一品种、统一配送、统一防治时间、统一回收农药包装物、）零农残标准执行安全间隔期，产品实现农残“零检出”和可追溯的要求。

（4）增施硼肥、重施结球肥，每亩施持力硼0.4千克或硼砂2千克作基肥，在现蕾期和结球初期分2次每亩施复合肥50千克＋尿素30千克作为结球肥。

技术指导：临海市农技推广中心苏英京、郭成根，
浙江省农业技术推广中心胡美华

第10招 夏秋速生叶菜标准化生产技术

(一) 基本情况

夏秋季是蔬菜生产与供应的淡季，且速生叶菜不耐贮藏运输，一般就地生产就地供应为主。杭州市建立了叶菜生产功能区，灾害发生时应急抢播，对保障大中城市淡季蔬菜供应发挥了重要作用。但由于夏季高温伏旱、台风暴雨、强光辐照等恶劣气象条件，加之蔬菜病虫害发生重，往往造成速生叶菜产量和品质下降，质量安全也时常存在隐患，因而对栽培管理技术要求很高。

夏秋速生叶菜标准化生产基地

为提高夏季速生叶菜类蔬菜产量品质，确保质量安全，开展夏秋速生叶菜标准化生产技术示范，从优化产地环境条件、设施栽培、穴盘育苗移栽等生产管理措施以及病虫害防治等多方面着手，建设微喷灌、水帘等设施，应用微耕机、作垄机、播种机、播种器等实用新型机械、器械，采用大帐式防虫网覆盖、频振式杀虫灯、色板诱杀、昆虫性诱剂、植物源农药等生物物理防治技术，解决夏秋高温季节生产的障碍因子，实现大规模轻简化周年生产速生叶菜，基本实现"规模化种植、标准化生产、商品化处理、品牌化销售、产业化经营"等"五化"生产，取得明显成效。

夏秋速生叶菜预冷

二 示范点情况

2013年在杭州萧山围垦十六工段建立示范点，主体为杭州萧山舒兰农业有限公司，面积100亩，基地沟、渠、路及大棚、防虫网、诱虫灯等基础设施配套完善，通过统一供应种子、肥料、农药，统一按规定标准进行管理及农事操作，推广耐热、耐寒、抗病叶菜类蔬菜新品种及其配套的优质安全生产新技术、新设施、新机械。

通过夏秋速生叶菜标准化生产技术示范，明显提高了叶菜类蔬菜的安全性、亩产量和商品品质，明显降低了病虫害的发生率，复种指数达到了500%，100亩基地播种面积达500亩，每亩产量达13000千克，每亩产值32000元；叶菜类蔬菜种植效益比项目实施前每亩增加了1200多元，累计增收20余万元。

以示范点为样板，通过开展技术培训会及周边农户自发前来观摩等方式充分发挥项目示范辐射作用，积极带动周边地区蔬菜生产向标准化、优质化、品牌化方向发展，促进萧山区、杭州市乃至全省夏秋叶菜生产技术水平的提升，发挥了积极的作用。

三 技术要点

1. 基地环境及建设要求

地块土壤、灌溉水、空气质量应符合无公害产地以上要求，交通便捷、沟渠路等基础设施条件较好，适合机械化、轻简化操作要求。生产基地要选择土壤肥沃、灌溉自如，确保雨后田间不积水，高温干旱条件下能及时灌溉，有条件的安装微喷灌。

2. 选择优质品种

夏秋季速生叶菜选择耐高温高湿、抗病、丰产、品质佳、商品性好的品种，如‘早熟5号’、‘双耐’、‘夏帝’等品种。

3. 整地作畦施基肥

播前一周清除田间及四周杂草，以防虫卵滋生繁衍。土壤消毒处理后，深翻作畦，畦宽1.5米，做到深沟高畦；并结合整地，每亩施商品有机肥500克千克、复合肥30～50克千克作基肥。

4. 适期播种

夏秋速生叶菜生产主要以直播为主，为使播种均匀，可采取其种子掺混15倍尿素或细沙的播种方法，播种后25～30天一次性采收。育苗移栽定植后20～30天采收。播种应按上市的要求分期进行，一般每隔3～7天播种1批。播种前1天栽培畦要浇透水，有条件的采用蔬菜直播机播种。播种量根据栽培方式而定，一般每亩直播用种量250～500克，育苗移栽的50～100克。播后拍平压实，天旱要灌足底水，适当晾干后播种，以利种子发芽出苗。

5. 田间管理

播种后至出苗前一般不浇水，确保苗齐苗全。出苗后根据土壤墒情每天早晚浇水二次，生长中后期视干旱情况，在早晚或夜间灌水，不漫灌，防止高温下浇水造成死苗烂菜。灌水主要采用微喷、微灌，每次灌溉到畦面以下2厘米的土壤湿润即可，降雨量大时应注意及时开沟排水，保证田间不积水。

夏秋高温季节应覆盖遮阳网，出苗前可采取浮面覆盖方式，出苗后可根据气温及辐照强度采用早盖晚揭的方式。出苗后应保持土壤湿润，及时清除杂草，并视植株密集程度适时分次间苗。一般在幼苗2～3片真叶时第一次间苗，间苗时间宜早不宜迟。当长出4～5片真叶时可第二次间苗，间掉病、弱苗。

速生叶菜以商品有机肥为主，整地作畦时施足基肥，而后一般不再施肥，只进行清水灌溉，以水调肥。如需追肥的，氮肥宜早施，在苗期使用，切不可在生长中后期过多施用，忌叶面喷施氮肥，严禁使用未经腐熟的人畜粪肥。

6. 病虫害防治

（1）农业防治。针对叶菜类蔬菜主要病虫控制对象，选用高抗多抗的品种，提高抗逆性；控制好温度和湿度，如采用遮阳网覆盖，减轻高温障害影响；深沟高畦，严防积水，清洁田园，做到有利于植株生长发育，避免侵染性病害发生。

（2）物理防治。设施内运用黄板诱杀蚜虫、白粉虱，在田间高出植株顶部的行间悬挂黄色粘虫板或黄色板条（25厘米×40厘米），其上涂一层机油，每亩悬挂30～40块；应用昆虫性捕诱器捕杀甜菜夜蛾、斜纹夜蛾，一亩1～2个。夏秋季棚顶覆盖塑料薄膜（高温强光盖遮阳网）、四周用20～30目的防虫网，进行避雨、遮阳、防虫栽培，减轻病虫害的发生。

（3）生物防治及生物农药。采用捕食性天敌和寄生性天敌保护，及植物源农药如印楝素等和生物源农药如苏云金杆菌、农用链霉素等防治病虫害。

（4）药剂防治。注意轮换用药，合理混用。严格控制农药安全间隔期，使用药剂防治应符合国家选用药的相关规定要求，禁止使用高毒高残留农药。

7. 采收及包装

每批次蔬菜应在最适采收期内及时采收，兼顾产品的商品性、产量和品质。摘去黄叶、去除泥土等，分级后，用包装带捆扎、包装箱或带粘口的塑料袋包装，以提高商品性。分级包装后的成品菜进冷库进行预冷或冷藏处理，尤其是夏季高温季节应尽快使蔬菜的温度降低，以防止腐败变质，保持蔬菜品质和商品性，延长货架期。

8. 运输贮存

运输工具清洁卫生、无污染，严防日晒、雨淋，注意通风，高温长距离宜用冷藏车运输。临时贮存时，应在阴凉、通风、清洁、卫生的条件下，用周转箱堆码整齐，防止挤压损伤，严禁与化肥、农药等有毒有害物质混堆。

技术指导：浙江省农业技术推广中心胡美华，杭州市农业局农作处郑军辉，萧山区农技推广中心王华英

第11招 大棚辣椒秋延后水肥一体化技术

一 基本情况

微灌技术是一项集节水、节肥、提质、增效于一体的高效生态循环技术，符合“加快建设资源节约型、环境友好型社会，提高生态文明水平”的产业政策，是促进农业可持续发展的关键技术。微灌含滴灌和微喷灌，已在浙江省蔬菜生产上广泛应用。大棚秋延后辣椒生长前期，正值夏秋高伏旱期，而受干旱及虫害影响，通过购置应用施肥首部及内镶式滴灌系统，配套可溶性肥料，实现水肥一体化，增产增收效果明显。

节水灌溉系统首部

自走式微喷灌水车

二 示范点情况

示范点由衢江区龙海蔬菜专业合作社实施，实施地点位于衢州市衢江区莲花现代农业园区，基地面积300亩，其中大棚设施207亩，基地路沟渠水电等设施配套较完备。项目应用微滴灌系统267亩，引进蔬菜新品种20余个，推广面积300亩，购置太阳能杀虫灯、生物农药、水溶性复合肥等，本年度重点示范秋延后辣椒栽培水肥一体化技术。项目实施辐射带动了周边200余户1200亩蔬菜基地推广应用微滴灌节水技术。

示范表明，该项技术节水、节肥、省工，改善辣椒品质，增产增效。通过采用局部微量灌溉，使水分的渗漏和损失降低到最低限度，同时肥水耦合，肥料养分直接均匀地施到根系层，实现水肥同步，可提高肥料的有效利用率，减少化肥使用量，也可明显节省劳力投入，降低生产成本，提高辣椒产量、商品性和品质，增加效益。据测算，每亩大棚秋延后辣椒可省工6个，节省化肥11千克，增产500千克，产值增加1500元，每千克提质售价增加0.2元，每亩实现节本增收1300元，合计每亩增收2800元。

（三）主要技术要点

项目区综合应用大棚设施栽培、集约化育苗、微滴灌、生物防治和土壤改良等技术，实现了节水、节肥、提质、增效的生态循环。

1. 引进新优品种，培育壮苗

引进示范‘衢椒1号’白辣椒新品种，通过应用潮汐式灌溉高架苗床进行两段育苗，可以节省肥料，减轻病虫害发生，培育优质健壮秧苗，提升育苗水平。

2. 优化栽培技术

2013年度采用连栋大棚大面积栽培秋辣椒‘衢椒1号’，7月底至8月初播种，苗龄30天左右；结合翻耕，每亩施有机肥2500～4000千克、磷肥50千克、复合肥50千克、钾肥15千克、生石灰80千克作为基肥，深沟高畦栽培。一般选择晴天或阴天下午进行种植，株行距30厘米×50厘米，一次性浇足定根水。高温时遮阴，11月底温度降低后闭棚保温，12月后气温低时采取多层覆盖措施，同时用薄膜对辣椒植株进行浮面覆盖保温促转色。搭架防植株倒伏，及时整枝疏果，门椒以下的侧枝全部摘除，适当清除弱枝，以利通风透光。

3. 肥水耦合

根据项目区水源坐落区域及生产布局需求，建设规范、完善微滴灌节水循环系统，并通过配套首部，实现肥水同灌，将水溶性肥料送到蔬菜根际，可以提高肥料利用率，减少对地下水的污染，提高产量。一般每批辣椒坐果后施尿素10千克或可溶性复合肥8千克，硫酸钾10千克。为改善品质，可叶面喷施0.3%～0.5%的硫酸二氢钾。

4. 示范生物物理防治技术

采用杀虫灯、生物农药、粘虫板、昆虫性诱剂等生物物理防治技术进行病虫害防治，提高安全性和品质。

5. 施用有机肥改良土壤

增施有机肥改良土壤，增加土壤的有机质含量，提高土壤肥力，确保辣椒增产提质。

技术指导：衢州市蔬菜办章心惠，衢江区农业局蔬菜办姚永金，浙江省农业技术推广中心胡美华

第12招 蔬菜残体无害化处理及循环利用技术

一 基本情况

该技术通过对瓜果、茄果类等蔬菜植株残体的无害化处理，变废为宝，作为蔬菜栽培有机肥，可以优化农作物根际营养环境，为蔬菜园区的可持续发展提供强技术保证，为发展效益农业和有机农业提供新的途径。该技术的应用使基地蔬菜残体得到有效处理，保持基地环境卫生，减少蔬菜病虫害的传播和危害，社会、生态效益明显。

蔬菜残体无害化处理——秸秆粉碎

蔬菜残体无害化处理后成良好的有机肥

二 示范点情况

2013年在绍兴市斗门镇斗门村塘头蔬菜专业合作社建立示范点，基地面积1020亩，主要栽培瓜类、茄果类和叶菜类等蔬果，每年产生的蔬菜残体达1000多吨。以往蔬菜残体被丢弃在路边腐烂或者晒干后焚烧，不仅污染环境，还加剧残体中病虫害的发生和危害，影响蔬菜基地的可持续发展。应用蔬菜残体无害化处理及循环利用技术，残体用作基肥后，平均每亩节约农家肥1200千克，蔬菜产地批发价每千克提高0.2元，合计每亩节本增效2150元，该技术在绍兴市直蔬菜基地辐射推广达3200亩次。

三 技术要点

蔬菜残体本身是一种有机质，富含N、P、K、木质素、纤维素等营养元素，但是未处理的残体带有害虫、虫卵和病菌等有害生物，经过55℃以上高温处理10天以上就能够杀灭病原菌和害虫(虫卵)。通过集成示范，确立了一套蔬菜残体无害化处理与循环利用技术规程：集中收集—清理杂物—机械粉碎—拌入农家肥—接种发酵菌—堆制发酵—施入土壤—定植秧苗。在蔬菜残体集中处理前，管理单位需要及时做好设备维护、场地整理、菌种购买等工作，菜农做好蔬菜残体的收集。

1. 场地建设和设备购置

在蔬菜生产园区内选择交通方便的地方建一个占地100～200米^{2}的残体处理场地，要求地面硬化，搭建防雨钢棚，配置三相电设施。

购置植株残体粉碎机械，建议购置洛阳四达农机有限公司生产的“9Z-6A”型青贮铡草机，动力为7.5千瓦，生产效率为每小时3吨左右。

2. 集中收集及清理

由合作社派人收集生产结束后的瓠瓜、南瓜、黄瓜、辣椒、番茄等植株残体，集中到处理场地，清除支架及牵引用绳索，经适度脱水后才可以粉碎。

3. 机械粉碎及拌入农家肥

取新鲜残体晒至含水量50%～60%后，用铡草机进行粉碎，将残体长度切成10～20毫米，如一次粉碎后颗粒较大，可再次进行机械粉碎，便于残体发酵。

将粉碎后残体与猪粪或鸡粪等农家肥按2∶1混合，提高残体的肥力，促进残体的发酵。

4. 微生物接种、发酵及残体堆制、发酵

引进浙江省农科院研制的发酵菌剂，以麸皮为接种材料的干制菌种。发酵菌剂按每立方米800～1000克均匀拌入蔬菜残体，并保持发酵菌有氧条件，通过发酵产生高温从而杀灭主要病原菌和害虫(虫卵)。

该发酵反应均为好氧型，因此要求在通风避雨粉碎后立即制堆，堆成宽大于2米、高1～1.5米，单堆体积不少于4米^3。翻堆前用温度计由堆顶下插30厘米测量每一堆温度，使发酵温度达到60℃以上，确保持续高温达10天以上。堆制时间根据不同季节，夏季高温时25天以上，秋冬季低温时35天以上，使残体充分腐熟发酵。每7天左右翻堆一次，如果残体过于干燥，需适当浇水。

5. 施入土壤循环利用

将充分腐熟后的残体搬运到大田，用作基肥施入土壤，每亩施用量1000～1500千克，再加20千克复合肥和25千克尿素，施后用小型旋耕机翻入土中，整地、铺地膜。

6. 定植秧苗

施入残体基肥3～5天后，将瓜类、茄果类、葱蒜类或白菜类等蔬果秧苗定植，肥效持续两个月，生长期短的蔬菜基本不用追肥。施用残体基肥的蔬菜其品质比单施化肥有明显改善，蔬菜价值得到提高。

技术指导：浙江省农业技术推广中心陈能阜，
绍兴市农业局蔬菜站吴田铲、褚剑峰

第13招
海岛蔬菜节水灌溉技术

一 基本情况

利用移动施肥系统，改变传统施肥方式，综合“微灌”系统及水肥一体化技术，使灌溉和施肥同时进行，节约人工成本，节省劳动时间，同时，又起到节水节肥作用，提高肥料利用效益，符合海岛农业特色与要求。

移动施肥系统

应用节水灌溉技术栽培的小番茄

（二）示范点情况

2013年在定海区小沙街道大沙社区丰泰农产品专业合作社蔬菜基地建立示范点，面积500亩，综合应用节水灌溉及水肥一体化、绿色防控等技术。据测算，应用该技术，小番茄单位面积投入产出率提高20%以上，平均每亩产量2400千克，每亩产值30000元，每亩年节水100米^3，节肥50%，节约水肥成本350元，每亩节本增收合计3800元。

（三）技术要点

1. 设备购置

引进移动施肥系统，主要组成部分：过滤系统1组（叠片过滤器、网式过滤器各一套），比例式药肥泵1套，球阀2套，肥料桶1个，平板手推车1辆。比例调节范围为0.2%～4%（1∶500～1∶25）。

移动施肥系统工作原理：注入泵直接安装在供水管路上，依靠经过的水流作为运行动力。水驱动注入泵运行，按照需要的比例将浓缩液从容器中直接吸入并注入水中。在泵内，浓缩液与水充分混合，水压将稀释混合液输送到下游管网。不管供水管路上的水量和压力发生什么变化，所注入浓缩液的剂量与进入泵的水量始终成比例。

2. 肥料选择

可溶性固体肥料、液体肥料。本示范点采用的水溶性肥料有惠多利撒可富（16－18－17）、恩泰克（12－11－18＋Te）、奥捷腐殖酸水溶肥（9－6－13＋Te）、奥捷腐殖酸水溶肥（15－5－8＋Te）4种。

3. 品种选择

可选择以色列海泽拉种子公司引进的小番茄新品种‘1319’和

'1306'。其中樱桃番茄'1319',为无限生长型,果实椭圆形,红色。具有早熟丰产、品质优、抗病性强、耐贮运的特点。'1306'番茄果实为黄色,具有早熟、优质、丰产、抗性强、商品性好、口味好、品质佳等突出特点。

4. 栽培管理

2013年受高温干旱天气影响,番茄定植时间推迟,于9月18日定植,定植后及时搭架绑蔓。小番茄于设施大棚内栽培,冬季大棚内套中棚、边膜。

施肥:前期基肥每亩施有机肥250千克、复合肥(16—16—16)15千克。后期(挂果期和膨果期)追施不同的水溶肥,追肥5次。

技术指导: 舟山定海区农技中心应海良、张琴,
浙江省农业技术推广中心陈能阜,孔海民

水果篇

SHUI GUO PIAN

种　田　致　富　50　招

第14招
梨棚架栽培技术

一 基本情况

梨棚架栽培具有光照好、管理方便、抗逆性强、果品质量好等特点，通过合理、科学的栽培技术，最终实现棚架梨的优质丰产。浙江省现有梨园36万亩，产量38万吨，产值16亿元。该技术现已具有一定的规模，主要分布在萧山、海宁一带。一般年份每亩产量1200千克，优质果率在65%以上，每亩产值达6000余元。

成熟的梨

梨棚架栽培

二 示范点情况

2013年在杭州滨江果业有限公司建立梨棚架栽培技术示范点，面积400亩。通过梨棚架栽培技术的集成应用，提高了产量和质量，2013年示范点梨每亩产量达1608千克，优质果率达92%，每亩产值达18970元，经济效益较好。同时，建设蜜梨连栋大棚促成保护栽培56亩，解决了早春低温多雨、梅季雨水多、夏季台风暴雨多等不良气候条件的影响，改善了蜜梨生长环境，提早了蜜梨生育期、成熟期，比常规露地栽培提早25天成熟上市，提前供应市场，减轻了销售压力，提高了售价，2013年大棚梨每亩产量达1673千克，售价高达10元/个，每亩创产值35213元。而且连栋大棚促成保护栽培后，阻隔了雨水传播病菌，减轻了病虫害发生，减少了农药使用，提高了梨果质量安全水平。

三 技术要点

梨棚架栽培技术的要点是集成应用梨棚架栽培技术、疏花疏果和专用果袋套袋技术、土肥水管理技术、病虫害绿色防控技术、采后机械分级和冷藏保鲜技术等。

1. 棚架式整形修剪技术

第一年，种植后于1米处定干。第二年，选2个较对称、生长量大的生长枝作主枝，用小竹竿以45度基角引缚，引缚方向为东西向，根据延伸方向的需要，选上芽或侧芽做剪口芽短截，其余枝作辅养枝。第三年，主枝引缚上棚，棚面高1.8米，在主枝上选距主干1米左右处侧生的生长枝为第一副主枝，剪口芽应根据延伸方向需要选上芽或侧芽，主枝、副主枝高于棚架30厘米，以促进主枝、副主枝生长，保持绝对顶端优势。第四年，主枝、副主枝继续在棚面上按原来方向引缚，在第一副主枝的对侧距0.5米处选留第二副主枝，并引缚上棚。同一侧副主枝之间距离为1.5～2米，并在副主枝选留侧枝。同一侧的侧枝应保持1米的间距，其余枝条按40厘米的距离疏删后引缚长放。第五年，主枝、副主枝、侧枝继续引缚延伸，结果枝留1米长，结果枝之间距离为40厘米。第六年，主副枝、侧枝继续引缚延伸，若已封垄可回缩换头。第七年以后，删除过密的侧枝，调节骨干枝间的主从关系。每年利用棚架引缚1/3左右的生长枝以轮换结果，并及时回缩结果后老枝，新老结果枝实行三三制轮换。

2. 疏花疏果

疏花芽是结果枝修剪中控制梨树不过量结果的有效办法，进入盛果期的梨树花量充足，根据梨树结果习性，如以中、长果枝结果为主的品种应先适量疏除短果枝，如以短果枝结果为主的可先疏除中、长果枝，短果枝可按1∶1的比例进行疏除，即一个果苔留一个花芽。疏果在盛花期后10～15天，生理落果结束后开始，必须在果肉细胞分裂终止期前完成。疏果先疏除病虫果、畸形果、受精不良果和无叶果。在一个果苔中宜保留第二或第三位果。疏果可分二次进行，第一次在每个果苔上留一个果；第二次再以25～30厘米留一个果，按棚架面的面积计算，每平方米留果量不超过10～13个，叶果比达30∶1为好。

3. 专用果袋套袋

果袋选用‘翠冠’梨专用果袋，在盛花后20～25天内及时套一个蜡纸小白袋，盛花后35～45天再套一个双层黄大袋。套袋前必须全面喷布杀虫剂和杀菌剂（为防果锈，禁止使用乳油型药剂）。等果面干燥后立即套袋，套袋时把袋子打开，手和袋口不要碰摸幼果，防止擦伤，套入幼果后扎紧袋口。

4. 土肥水管理

10月下旬，每亩施腐熟有机肥（猪粪等）1500～2000千克，加农用硼砂4千克，并用小型耕作机翻耕。坐果后幼果膨大期施三元复合肥0.5千克/株；硬核期施硫酸钾0.5千克/株加过磷酸钙0.2千克/株；梨果迅速膨大期施三元复合肥0.7千克/株。施肥时结合灌水，保持土壤湿润，促进梨树生长结果。同时结合喷药，喷施多元微量元素叶面肥，保持生长平衡。

5. 病虫害绿色防控技术

病虫害防治主要遵循以“预防为主、综合防治”的原则，做好冬季清园消毒工作，在萌芽期喷石硫合剂铲除越冬病虫害。梨锈病用三唑酮防治，梨轮纹病用托布津防治，梨木虱、红蜘蛛用阿维菌素防治，梨食心虫用普尊或杀螟硫磷防治。

6. 采后机械分级、包装和冷藏技术

梨采收后立即用称重式分级选果机进行机械分级，分级后及时按规格大小进行包装。包装后在冷藏库进行冷藏，温度控制在1～5℃，可保鲜贮藏3个月。

技术指导： 浙江省农业技术推广中心孙钧，
杭州滨江果业有限公司胡金龙

第15招 温州蜜柑延后完熟栽培技术

一 基本情况

成熟的温州蜜柑

近年来，我国柑橘年产量不断增加，加上种植的柑橘85%都集中在11～12月成熟上市，加剧了柑橘的滞销价跌，导致果农增产不增收，种植效益下降。为了提高生产效益，生产者采取延后完熟栽培方法拉开采收期。延后是指果实成熟时继续挂树，延迟采收时间；完熟则是围绕果实品质最佳期采取相应的技术措施，使果实的外观和内在品质达到最佳状态后分期、分批采收。通过该技术，'宫川'温州蜜柑优质果率由原来的43%提高到76%，果品销售单价较普通栽培提高了3～4倍。

温州蜜柑延后完熟栽培

（二）示范点情况

2013年在浙江忘不了柑橘专业合作社建立柑橘延后完熟栽培技术示范点，面积200亩，示范基地实施柑橘大棚设施延后栽培技术、绿色防控技术、隔年结果技术和现代柑橘信息化管理技术。目前该基地已列入国家863项目——柑橘信息化管理示范基地。2013年平均每亩产值达32000多元，较露地种植平均每亩产值增加21400元，同时一些品牌附加值高的单位每亩产值可达8万多元，大棚设施延后栽培技术已在临海市沿江等地推广辐射，一些橘农利用简易竹架大棚栽培，同样取得较好的效益。

（三）技术要点

1. 柑橘大棚设施延后栽培技术

选择管理良好的早熟温州蜜柑投产园，在加强管理，实施完熟栽培的基础上，建设柑橘钢架大棚，在11月柑橘成熟后冷空气和雨水天气来临前，进行大棚覆膜，并根据气温等天气条件的变化，及时进行大棚膜的揭和盖，保证棚内保持合适的温度和湿度，加强田间的管理，减少病虫害和浮皮现象的发生，做好适当疏果，在春节前进行采摘上市销售。加强摘果后的管理，保障来年正常生产。

2. 绿色防控技术

加强柑橘园病虫发生的预测报，综合利用病虫害防治技术，实施农业防治、物理防治、生物防治等技术进行橘园病虫防治，主要实施释放捕食螨、挂杀虫灯、黄板、诱瓶等，在农药选择上优先选择矿物油、石硫合剂以及高效低毒低残留的农药进行综合防治，减少农药使用和投入，以提高柑橘生产的安全性，降低生产成本。

3. 隔年结果技术

针对实施完熟栽培中部分弱势树体出现的问题，对橘园实施隔年结果技术，就是将一些去年丰收后树体衰弱的，当年利用人工或药剂进行疏花疏果，使其不结果而休息一年，次年再让其丰产。隔年结果可使树体有效地休养生息，保证丰产年份产量好而且优质果率提高，取得更好的效益。

4. 现代柑橘信息化管理技术

建立橘园信息采集系统、远程控制指导系统、果园田间机械化生产操作系统、优质采收决策系统等设施，进行橘园的远程实时有效监控和投入指导，实现科学化指导、标准化管理、精准化投入、精品化产出，减少生产成本投入，提高经济效益。

技术指导：浙江省农业技术推广中心孙钧，
临海林特局特产站金国强

第16招
杂柑延后完熟栽培技术

一 基本情况

随着柑橘总量增加、产能扩大，柑橘果品市场竞争日趋激烈，面对一体化市场格局，通过提升品质、降低成本、提高果品市场竞争力是实现柑橘产业可持续发展的必由之路。杂柑是浙江省的优势柑橘类，具有果形佳、风味好等特点，浙江省杂柑延后完熟栽培高效种植模式主要分布在象山县晓塘乡一带，全县柑橘面积2000余亩。通过采取延后完熟栽培技术措施，可以实现低投入生产高品质柑橘果实的目的。近

成熟的柑橘

年象山县100亩‘春香’设施完熟栽培每亩产量2500千克，每亩产值达40000元；‘红美人’设施完熟栽培面积150亩，每亩产量2000千克，每亩产值达100000元。

柑橘延后完熟栽培基地

（二）示范点情况

2013年在象山县晓塘乡建立示范点，面积100亩。通过设施延后完熟栽培使‘春香’优质杂柑每亩产量提高到2500千克，比露地栽培增产25%，鲜果上市期延长4个月，可溶性固形物含量提高3度，销售均价达到16元/千克，比露地栽培高10元/千克，每亩产值40000元，每亩增收28000元。‘红美人’优质杂柑产量每亩提高到2000千克，比露地栽培增产12%，上市时间延长2个月，可溶性固形物含量提高2度，销售均价达到50元/千克，比露地栽培高26元/千克，实现每亩总产值10万元，每亩增收56800元。

（三）技术要点

1. 选择温暖、土壤肥沃、排灌良好的栽植地

杂柑类柑橘抗冻性比温州蜜柑略差，对热量、光照、肥水要求也较

高，因此宜在冬季无大风、温暖向阳、光照充足、土壤肥沃、土层深厚、有机质含量较高的栽植地进行种植。同时由于完熟栽培对于土壤水分含量较为敏感，需选择排灌方便的地点进行种植，并根据实际情况做好水分控制工作。

2. 加强肥水管理，增加全年施肥量

杂柑类柑橘对肥水需求较温州蜜柑高，需合理加强肥水管理、增加全年施肥总量。肥料要以有机肥、进口复合肥为主，使用量要比温州蜜柑多出30%～40%。成年结果树，全年施四次肥料。

（1）春肥。3月上旬，以氮肥为主，施肥量占全年30%。

（2）夏肥。5月上旬，以氮肥、复合肥为主，施肥量占全年20%。

（3）秋肥。8月上旬，以磷钾肥为主，施肥量占全年15%。

（4）冬肥。10月下旬施，以有机、复合肥为主，施肥量占全年25%。

3. 做好疏花疏果，提高果品质量

杂柑类柑橘坐果率较高，在管理上除修剪调节结果量外，还须及时进行疏花疏果，从而提高品质，并有效地保持健壮树势，达到丰产稳产之目的。疏花在现蕾至开花期进行，主要是疏除细弱枝上的无叶花序。疏果可分两次进行，第一次在6月下旬，疏除病虫果、畸形果、损伤果及树冠内膛过多、过密果。第二次在8～9月，摘除裂果、病虫果、小果及梢头果。

4. 注意树冠培养，留果过迟树实行隔年结果

采用开心形或圆头形整形，幼树期主要以扩大树冠，培养骨干枝，增加树冠枝梢叶片为主。定植后一年促使春、夏、秋梢多次抽发，加快树冠形成，初投产树要及时进行修剪，培养有效结果枝组，适当短截主枝、副主枝的延长枝，保持其一定的生长量及树势。成年结果树应以春季修剪为主，结合全年进行，春季对于主枝过多、过密的树，应及时进

行开“天窗”修剪以改善光照条件。对于高接树在高接当年及第二年应尽快培养树冠，选择生长均匀、分布位置好的骨干枝作为主枝培养，设施栽培留果到第二年2月的橘树可实行隔年结果。

5. 适时采收销售，防止过熟变味

以‘红美人’为例，其成熟期一般在10月下旬到11月上旬，通过完熟栽培可留树到12月上旬采摘，设施栽培最佳成熟期在12月下旬到1月下旬。露地栽培从10月中下旬开始‘红美人’的采收，前期先采收外膛果形较大的果实，其后采收中等大小果实，最后采收内膛小果，设施栽培采收期可推迟到12月中下旬，并选择性留中等果、小型果到1～2月采收，品质更佳，但1月下旬后‘红美人’果肉开始发软，风味开始退步，需及时全部采收。‘春香’露天栽培最佳采摘期在11月下旬，设施栽培最佳采摘期在1月中旬，可完熟至3～4月。

6. 注意防控病虫害，提高果实外观质量

覆膜前重点防治黑点病，覆膜后要注意红蜘蛛、烟煤病、绿霉病等病虫害的防控，提高果实的外观质量。

技术指导：浙江省农业技术推广中心孙钧，
象山县农林局陈子敏

第17招
柑橘"三疏一改"提质增效技术

一 基本情况

柑橘是浙江省第一大水果,2012年全省柑橘面积168万亩,产量195万吨。其中柑橘面积在3万亩以上的县(市)有21个,柑橘产业已成为浙江省农业的主导产业,农民脱贫致富的重要途径。但是,在20世纪80年代浙江省发展的一大批柑橘园,由于大都为密植建园,随着树龄的增长,出现不同程度的郁闭现象,光照不良,导致果品产量和品质下降。据近期调查,目前全省需改造的密植郁闭橘园约60万亩,占总面积的36%以上,其中椪柑园50万亩。这批橘园的存在,严重制约了柑橘产业的可持续发展。

成熟的柑橘

采用"三疏一改"技术栽培的柑橘园

为引导传统栽培技术向现代柑橘栽培技术转变，浙江省着重采取“三疏一改”、病虫绿色防控、完熟采摘、运用反光地膜、大棚设施等技术，为全省柑橘产业转型升级，特别是早熟温州蜜柑生产的转型升级提供榜样示范，促进产业增效、农民增收。

（二）示范点情况

柑橘“三疏一改”技术示范点位于横路办事处清水村柴坞垅，面积200亩，由衢江区清水瓜果专业合作社实施，合作社注册资金100万元，拥有“蜜之源”商标。通过一年建设，示范点平均每亩产量达2530千克，增产350千克，每亩产值达到25300元；示范点每亩节省用工1工（100元），节省防治病虫害1次，少用代森猛锌500克（40元），每亩节本140元；示范点因使用反光地膜、大棚等装备设施栽培，每亩成本4210元，每亩净利润达到21090元。

（三）技术要点

根据示范点园相、立地条件和栽培现状，以及‘宫川’早熟温州蜜柑的特点，重点推广示范以下技术：

1. 柑橘“三疏一改”技术

针对橘园树冠郁蔽、内膛空虚、果形偏小、着色不良等弊病，采取疏除（或间伐）过密橘树、疏树控制树冠覆盖率在85%以下，疏大枝、营造优质果生产的树形，疏果、优质果留树以及改偏施化肥为增施有机肥和配方施肥等综合配套技术措施，提高柑橘丰产性和改善品质。疏树疏枝时间为每年2月中旬到4月上旬；疏果时间为6月下旬到8月上旬；施肥时间在每年3月上旬前后、6月下旬和9月上旬，每亩施用优质有机肥1吨，视结果量确定施肥量和时间。

2. 病虫绿色防控技术

根据病虫发生规律和预测预报，采取综合防治、统防统治的模式。利用杀虫灯、黄板等物理方法，使用橘园生草改善生态环境、营造有利于天敌的环境，提高病虫害防治效率、减少农药使用。以防病为重点，每年防治3～4次。

3. 完熟栽培采摘技术

运用反光地膜、大棚等装备设施，运用综合技术措施，至果实完熟后分批采摘，达到生产精品果的目的。

技术指导： 浙江省农业技术推广中心张林，
衢江区农业局特产技术推广站徐锦涛

第18招
葡萄控产提质增效技术

一 基本情况

成熟的葡萄

浙江省现有葡萄栽培面积40万亩，品质参差不齐。通过应用葡萄控产提质技术，使每亩产量控制在1250～1500千克，穗形整齐，品质优良。每亩总产值25000元以上，省工节本3500元以上。该技术模式在浙江省葡萄主产区已开始逐步示范应用。

葡萄栽培基地

（二）示范点情况

示范点建立在进化镇三浦村的杭州鸿创农业科技有限公司，面积203亩，主栽培品种为‘醉金香’、‘夏黑’、‘魏可’、‘金手指’，全部采用“H”形架式避雨栽培。示范点平均每亩产量1278千克，平均销售价24元/千克，每亩产值30672元，总产量259.4吨，总产值达到622.6万元。葡萄双飞鸟“H”形架式栽培具有简便、易学、标准化程度较高的综合优点，生产的葡萄穗形一致、品质优良，极易采用极短梢修剪方式，为葡萄修剪创造最简易的方法，是一种值得推广应用的新技术。该技术的开发对浙江省的葡萄发展将有十分显著的推动作用。因此，我们将进一步发掘该项目的后续效益，提升葡萄产业化程度。

（三）技术要点

1. 技术特点

葡萄标准化“H”形是1个主干，4个主蔓，呈“H”形架面分布。“H”形整形葡萄栽培技术主要技术创新点是技术简化、易学、操作简便，标准化程度高，适宜葡萄所有品种栽培。采用这种模式栽培管理的葡萄植株，在冬季修剪时保留结果母枝基部1～2芽极短梢修剪，速度快、省工、省时，可节省90%的修剪时间。采用该技术所产葡萄品质一致，着色均一，果穗大小标准一致，品质优良。2013年，我们在原“H”形基本骨干的基础上结合飞鸟新梢处理，独创一种双飞鸟“H”形，目的是更大程度上利用光合能量，健壮树势，提高果实品质（增大颗粒、提高着色和果实养分积累）。

2. 技术措施

（1）施有机肥。详见表1。

表1　有机肥施用技术表

肥料	时间	施肥量(亩/千克)	方法
基肥	10月底	腐熟农家肥（以鸡粪计)200千克或同等肥力商品有机肥	深翻入土、灌水
催芽肥	萌芽前10～15天	N:1.5千克、P_2O_5:1.5千克、K_2O:1.5千克	撒施、灌水或滴灌施
花前肥	4月上中旬	N:3千克、P_2O_5:3千克、K_2O:3千克	开沟施、灌水或滴灌施
膨果肥	花谢75%时(5月中旬)	N:4.5千克、P_2O_5:4.5千克、K_2O:4.5千克	开沟施、灌水或滴灌施
着色肥	硬核期(5月中下旬)	K_2O:4.5千克、钙肥:10千克	开沟施、灌水或滴灌施
采果肥	采果后	N:3千克、P_2O_5:3千克、K_2O:3千克、硼肥:4千克	浅翻入土、灌水或滴灌施
叶面肥	开花前后结合防病喷施0.2%复合硼锌肥,6月后每月喷施两次0.4%多微磷酸二氢钾或效果较好的营养液，直至9月，全年喷施6～8次		

（2）病虫防治。综合运用各种防治措施,通过避雨栽培、套袋栽培、安装振频式和太阳能杀虫灯等措施,切断病虫源侵染途径;采用高畦深沟、地膜覆盖、滴灌等技术,加强葡萄栽培管理;采用清洁田园、中耕除草、深翻晒土、合理套种等一系列农业技术防治葡萄病虫害。化学防治保证一种农药在一个生产季节中只使用一次的原则,年用药次数不超过6次,主要是在萌芽期、开花前、谢花后、套袋前、采后等时间。

技术指导：浙江省农业技术推广中心孙钧，
萧山区农业局王世福

第19招
葡萄棚架根域限制栽培技术

（一）基本情况

根域限制就是利用一些物理或生态的方法将果树的根域范围控制在一定的容积内，通过控制根系的生长来调节地上部的营养生长和生殖生长过程的一种新型的栽培技术。

葡萄棚架根域限制栽培

葡萄棚架根域限制栽培

(二)示范点情况

浙江三生农业科技有限公司采用连栋大棚避雨栽培、根域限制、水肥一体等配套技术栽培种植葡萄100亩，大大提高了产品的品质，改善了葡萄生长环境，提早了葡萄的生育期、成熟期。2013年示范点每亩产量达1000千克，优质果率达90%，每亩产值达40000元，经济效益较好。

(三)技术要点

1. 整形修剪

葡萄根据不同品种生长状况可采用不同的整形方式，具体见表2。

表2 葡萄整形修剪方式和适宜品种

修剪方式	整形方式	架势	适宜品种
长梢修剪	“X”形整枝	平棚架	‘白罗沙里奥’
短梢修剪	“H”形整枝	平棚架、“V”字形架	‘夏黑’、‘亚历山大’、‘先锋’
长、中、短结合修剪	“H”形、“一”字形整枝	平棚架、“V”字形架	所有品种

（1）新梢管理。新梢管理因葡萄栽培的有核和无核而不同，详见表3。无核化栽培需要长势旺盛的新梢才能使果实无核化程度强，之后的果粒膨大发育良好。有核栽培品种群过旺树势会导致落花落果，则需要较中庸的树势。

表3　葡萄新梢管理技术

类型 关键点	适宜品种	抹芽	定梢	摘芯、副梢处理
无核化栽培	‘夏黑’、‘先锋’	展叶4～5叶时，抹除不定芽、副芽，保证20～25厘米一个新梢。结果母枝先端极端旺的芽，为了出芽一致，尽早抹掉；展叶7～8片时，抹除新梢过多部分的弱枝和结果母枝基部的徒长枝	短梢修剪新梢长至0.5米左右时按0.2～0.25米等距离定梢绑缚在钢丝上；平棚“X”形长梢修剪，架面掌握枝条均匀分布，落花落果严重的品种保持7~8条/米^2，长势中庸的品种保持5~6条/米^2	大于100厘米的新梢见花在花序上部留8叶摘芯，小于50厘米的不摘芯。花序以下的副梢留2～3叶摘芯，花序以上的副梢留1～2叶反复摘芯，主蔓留15叶反复摘芯并及时摘除卷须
有核栽培	‘白罗沙里奥’、‘亚历山大’	发芽后3～4片叶时，抹除不定芽、基部强旺新梢、顶端极端徒长枝。全体树势过旺会增加无核果量，因此，开花前要多留枝，分散营养，平衡树势。坐果后，新梢重叠枝、坐果不良枝抹除		长势极强的新梢在5～6片叶时轻摘芯；全园见花后，大于70～100厘米的新梢轻摘芯，小于50厘米的不摘芯

（2）花果整理。详见表4。

表4　葡萄花果整理技术

关键点＼类型	无核化栽培	有核栽培
定花穗	弱树尽早进行，促进新梢生长；新梢长度30厘米以下不留花穗；30～80厘米留1穗；80～100厘米以上留2穗。疏除顶部扁平有分叉、支梗间隔大的花穗。‘先锋’葡萄可考虑留用花穗上部的第二副穗	花穗多的品种‘亚历山大’，旺枝留2个，中庸1个，弱枝不留。花穗少的品种‘白罗沙里奥’，不进行花穗疏除
花穗整理	花前或见花留穗尖5～7厘米，其余全部除去，有利于开花整齐，进行无核化处理	花前或见花掐去副穗和穗尖，保留支穗12～15厘米。‘白罗沙里奥’花前不用整花穗，等坐果安定后，再切除支梗和多余部分
果穗整理	分两次进行。第一次谢花后15天左右，第二次谢花后25天左右。‘先锋’等中大粒品种每穗控制40～60粒，‘夏黑’等小粒种留80～100粒。疏去圆粒无籽果、瘦小、畸形、果柄细弱、朝内生长的果	‘亚历山大’管理同‘先锋’；‘白罗沙里奥’在谢花后30天左右一次性完成
无核化处理	第一次处理的最适时期为盛花1～3天，用浓度为15～50毫克/升GA_3。第二次处理仍用25～50毫克/升的GA_3，时期为盛花后10～15天。对于坐果率高，果粒着生紧密的品种，可在开花前10～15天用3～5毫克/升的GA_3喷花序，可使穗轴伸长，达到稀果穗，便于疏果和防止裂果的目的	

2. 肥水管理

限制根域栽培的优点是全部根群密集于限定的范围内，使土壤水分测算值与树体所含水分的实况高度一致，但其缺点是根群密度大，容易导致土壤水分不足而影响叶片生长至果实生长不良。限制后，根系不能再从广泛的土壤层吸收水分和养分，必须及时补给水分。水分的调节是葡萄根域限制栽培技术中最重要的因素之一。

根域限制栽培根系密集，使得施肥效果敏感，肥料利用率高。但由于灌水间隔短，造成土壤中肥料成分变动显著。因此，根域限制模式下的施肥方法和量不同于常规管理。生产上建议葡萄周年施肥，冬季基肥施足全年的50%（以N计算），剩余50%用复合肥，春季发芽期25%，果实采收后9月中旬施25%。根据生长情况开花前后叶面补充复合微量元素肥料1～2次。

技术指导：浙江省农业技术推广中心孙钧，
浙江大学贾惠娟，湖州市农业局般益民

第20招
桃控产提质增效技术

一 基本情况

浙江省现有桃园约40万亩。桃控产提质技术是通过对桃树精细花果管理，提高鲜果质量，实现控产提质增加效益。该技术在南湖等桃主产区都有示范应用。南湖区已被列入农业部标准桃园创建示范县，国家桃产业技术体系示范县。

成熟的桃子

桃花盛开的桃园

（二）示范点情况

2013年在南湖区凤桥镇永红村建立100亩桃园，开展控产提质增效技术示范，实施主体为嘉兴市凤桥水蜜桃专业合作社。预期目标：每亩生产鲜桃1450千克，产值14800元，节本增效810元。实际每亩生产鲜桃1202.5千克，产值15286元，节本增效2467元，每亩效益11066元，除每亩产量受高温干旱影响没完成外，其他指标超计划完成，各技术在全区示范推广。

（三）技术要点

1. 种植品种

'霞晖5号'、'赤月'、'白丽'、'晚湖景'、'美香'等。

2. 种植形式

株、行距4米×5米，桃园宽行高畦深沟种植，路渠硬化，滴管设施。

3. 主要技术

三主枝自然开心形树形，主枝延长技术；桃园地膜覆盖、肥水同灌，以施用有机肥为主；3次疏果控制留果量、桃专用袋使用技术；科学进行夏季修剪控树势防徒长；注重冬季清园、防病等病虫害综合防治技术。主要实行一轻、二控、三疏、四套、五防技术，达到幼年树树冠扩大快、投产早，成年树连续优质、稳产的目的。

（1）一轻：轻修剪。种植3年内，以轻度修剪为主，促进树冠，完成主枝和副主枝的培养，养成直立形树势；成龄树夏季修剪主要采取花后复剪、除萌抹芽、摘芯、剪梢、扭枝、疏枝、拉枝等技术措施，促进树形开张，充分利用空间和阳光，冬季修剪采用长放、回缩、疏枝和拉枝等，尽量少短截，注意结果枝组的培养。

（2）二控：严格控制氮肥和除草剂施用。幼树期控制氮肥用量，不用除草剂，套种经济作物，以促进根系生长，增强树势，提高树体抗性，特别是抗流胶病能力；成龄树根据树长势及挂果量掌握用肥量，肥水同灌技术使用化肥，提高肥效，节约成本，地膜覆盖，压草保湿。

（3）三疏：疏花疏果。采取轻修剪后，结果枝较多，要保证树体正常生长和果实发育，必须要进行疏花疏果。疏花（蕾）一般在12月至次年3月（开花前）进行，疏去枝条上部、基部、顶部的花蕾。疏果分三个时期：预备疏果（盛花后20～30天），正式疏果（盛花后40天左右），补充疏果（盛花后60天左右）。根据品种、树龄、树势及天气情况而定。

（4）四套：套袋。定果后及时套袋，套袋材料应使用水蜜桃专用袋，根据不同品种的着色要求选用不同材质的专用袋。需要果皮鲜艳的使用白色袋；需要果皮光滑、清洁、无色的使用透光率稍低的橘红色袋，套袋前喷一次杀菌杀虫剂。套袋顺序为先早熟后晚熟，坐果率低的品种要晚套，减少空袋率。

（5）五防：病虫害科学防治。注重冬季清园防治，采取农业防治、生物防治、物理防治和化学防治相结合的综合防治方法，进行病虫害规范、有效、安全防治。冬季清除果园病枝、病叶、枯枝等，立冬前后主干刷白，立冬前和萌芽前各喷石硫合剂500倍液一次，铲除越冬病害，生长季根据病虫害预测预报，针对性地采取防治。

技术指导：浙江省农业技术推广中心张林，
南湖区农业经济局熊彩珍

第21招 杨梅矮化栽培技术

一 基本情况

温州是杨梅生产老区，存在树体高大、疏果难、采摘难、管理费工、劳动力成本高、采摘率低、精品率低等问题。果农采摘常常要搭架子、爬梯子，很不安全。采摘难问题已经成为制约杨梅提高效益的一大瓶颈。为了提高杨梅生产效益，必须矮化杨梅树冠，从幼树开始培养矮化树形，塑造矮化树体骨架。

杨梅矮化栽培

树形矮化的杨梅树

（二）示范点情况

杨梅矮化栽培示范点位于瑞安市仙降山皇寨，面积150亩，实施主体为瑞安市皇金果园。预期目标：树冠高度不超过2.2米，横径达到3.5米左右，5年开始投产，盛产期23千克/株，每亩产量1000千克。实际完成情况：树高在2.1米以内，横径达到3.5～3.7米，5年生杨梅树开始结果，比传统栽培提早两年结果，以后产量逐年增加。矮化栽培效益将十分明显，效益预计将提高30%以上，辐射带动温州全市杨梅矮化栽培。杨梅矮化栽培是温州市杨梅栽培技术推广的核心技术，前景十分广阔。

（三）技术要点

1. 定干低

要在嫁接口以上20～25厘米处定干，使分枝节位低。如果定干偏高，会给以后培养矮化树形，增加难度。同时主枝保留4个，东、南、西、北各一个，方位分布均匀。

2. 成枝角大

一般主枝成枝角要大于或等于60度，不能小于60度。如果小于60度，随着树冠的扩大，树冠外围近地点会迅速上升，难以形成开张矮化树形，第二次、第三次主枝延长枝成枝角还要增大至70～80度。要求第四年底树长至3.5米宽、1.8～2.0米高时，树冠外围近地点高度在70～80厘米。

3. 拉枝早而勤

第一次拉枝要在定植的当年年底冬肥施后进行。太早拉枝，枝梢还很短，没有必要，而且拉线会影响松土铲草；拉枝太晚，枝梢已经硬化很难拉开，强制拉枝会造成枝梢断裂。拉枝要左手托住枝梢中部，右手将枝梢顶部向下揉枝，先柔化枝梢，再用优质编丝扎住枝梢上部，向下拉，并用竹签拴住。先揉枝后拉枝，枝梢不易断裂。拉枝方向要遵循空间布局法原则哪个方位空间大，往哪个方向拉，尽量使枝梢空间布局合理。第二次、第三次拉枝均在年底冬肥施后进行，也是遵循空间布局法原则，不过主枝延长枝成枝角，要增大至70～80度，比第一次拉枝主枝成枝角更大。

4. 整枝修剪恰当

整枝修剪的原则也是按空间布局法进行。每个主枝上距离主干55～60厘米处选择一个直立枝作为第一副主枝，第一副主枝上的枝组向外生长，负责其四周空间的枝组布局，第一副主枝可以解决开心形后出现的中央太空问题。在距离第一副主枝50～55厘米处主枝上选择两个平对生枝条作为第二个、第三个副主枝，第二、第三副主枝上选择3个直立枝，直立枝上枝组向外长，负责主枝外端左右两侧空间的枝组布局。

技术指导：浙江省农业技术推广中心张林，
瑞安市农业局产业科马聪良

第22招 杨梅速生丰产栽培技术

一 基本情况

通过应用速生丰产栽培技术，可以使杨梅树提早一年挂果，提早两年达到丰产，生产出来的杨梅可溶性固形物达到13%以上，单果重达到25克以上，具有早熟、果大、形美、味佳等特点。青田栽培杨梅历史悠久，2013年全县杨梅种植面积11.2万亩，产量3万吨，产值5亿元。全县主栽品种为‘东魁’，占总面积的80%，有近8万果农从事杨梅生产，一般年份平均每亩产量750～800千克，每亩产值达11000余元。

成熟的杨梅

杨梅生产基地

（二）示范点情况

2013年在青田县为民果蔬种植专业合作社建立杨梅优质丰产栽培技术示范点，面积150亩，地点在白浦村。通过杨梅速生丰产集成栽培技术应用，提高了产量和质量，达到了速生丰产的预期目标。2013年示范点内的杨梅每亩产量达到了1125千克，优质果达到70.5%，每亩产值达22500元，经济效益显著。与常规栽培技术管理对比，每亩产量增加了300多千克，每亩产值增加了5500元。农民增收十分明显。

（三）技术要点

1. 示范点建设

选择在通风透光条件比较理想的山腰地，管理相对比较方便的，集中成片的杨梅园，应用该技术。

2. 土壤改良应用技术

杨梅是多年生的木本果树，从栽植后多年固定在同一位置，因此土壤环境、通气性、土壤肥力直接影响到树体的生长发育，要达到速生丰产，必须加强土壤深翻、改良，在10～11月间，每年或隔年对以树冠滴水线为基准，内外宽度约40厘米处进行土壤深翻一次，深土与表土对换，改善土壤环境，有利于根的生长发育。

3. 合理化应用施肥技术

根据杨梅需求肥料的特点和对肥料的要求，一般以钾肥为最多，其次是氮、磷肥。氮、磷、钾肥的比例为1∶0.25∶1.5为宜，一年施肥三次：

（1）基肥。在10～11月施，以有机肥（农家肥）为主，禽畜栏堆肥、饼肥、草皮泥和垃圾等，施下的肥料必须腐熟。每株可施厩肥25～30千克，或堆肥40～45千克，或饼肥4～5千克。

（2）追肥。在叶芽萌动前的2月下旬至3月上旬施，一方面满足开花结果、果实发育的需要，另一方面促发较多的结果预备枝，为次年结果打下基础，一般树施尿素0.25～0.5千克/株，硫酸钾0.75～1.2千克/株，磷肥可以隔年施一次，用量每株0.75千克/株左右。

（3）采果肥。又称补肥。一般在7月底至8月初施，由于春夏两次梢的生长和开花结果，消耗大量的养分，8 月又要进入花芽分化和发育，需要大量营养，这次肥料对恢复树势，增强抗旱力，促进花芽分化都起着重要的作用。肥料种类以草木灰、焦泥灰、人粪尿施入外，还需施入硫酸钾复合肥0.5～1千克。

另外，还应注重根外追肥，开花后期喷施0.3%～0.5%磷酸二氢钾液、0.2%～0.3%硼砂液各一次等。

4. 整形修剪技术

整形修剪时间在本县区域内为12月至次年的2月进行。主要是培养丰产的群体结构，调节生长和结果的平衡，维持较稳健的树势，达到符合杨梅生产特性、优质高产的树冠结构，以增加树体通风透光程度，促使树体健壮，改善树冠内外树枝均匀分布；促使树体立体结果，促进优质、稳产，以提高果品质量。

5. 病虫害防控、治理技术

加强栽培管理，增强树势，提高杨梅抗逆性，积极应用统防统治、绿色防控技术，减少病虫害的危害。加强应用农业治理和物理治理的方法，如利用诱虫灯、粘虫板、糖醋诱杀剂等控制病虫害。在农药选择上优先选择矿物油以及高效低毒低残留的农药进行统防统治，减少农药投入使用。冬季用石硫合剂搞好杨梅清园，减少越冬病虫基数。

技术指导： 浙江省农业技术推广中心孙钧，
青田县农业局经作站邹秀琴

第23招 ‘东魁’杨梅网室栽培技术

一 基本情况

‘东魁’杨梅网室栽培技术是通过网室有效阻隔杨梅果蝇及其他害虫的为害，减少杀虫剂的使用，提高杨梅鲜果的安全质量，是杨梅安全优质高效生产的主要栽培技术。杨梅网室栽培技术起源于黄岩，目前在黄岩、临海、兰溪、上虞等主产县（市、区）有应用，共1000多亩。

‘东魁’杨梅网室栽培场景

（二）示范点情况

2013年在台州市内岩区院桥镇占堂村建立示范点，面积20亩。通过‘东魁’杨梅网室栽培技术的集成应用，提高了产量和品质，2013年示范点杨梅每亩产量达1132千克，优质果率达68.3%，每亩产值达38650元，经济效益较好。网室杨梅产地收购价比普通露地杨梅提高16～20元/千克，农民增收十分显著。另外网室栽培使杨梅成熟期推迟2～3天，采收期延长3～5天，减轻了果农的销售压力。

（三）技术要点

（1）选择生长在山冈、山腰坡地通风透光条件较好，当年花量中等以上的成年树（株产量30千克以上），在4月做好疏花、疏果、疏春梢，保证树冠的通风透光。搭建好钢架或毛竹架。

（2）5月上旬开始围护防虫网，要求单株全树覆盖，网帐离树冠约20厘米，网帐裙脚在地面用木桩绑住，四周均用泥土或沙包压实，使外边的昆虫不能自由进入网内。防虫网覆盖在5月10日前（离杨梅采收期40天以上）全部实施完毕。

（3）防虫网覆盖之后果园停止使用一切农药、植物生长调节剂、营养液，直至杨梅采收完毕。覆网期间的疏果、疏春梢、修剪及杨梅采收等农事操作按常规进行，进出网帐需及时关闭网帐的拉链，防止害虫趁机进入网内。

（4）网帐能降低温度，减少高温天气对杨梅果实的不良影响，基本没有“树头腌”的现象，故网帐内的杨梅果实要保证九成熟采收，确保果实品质。

（5）7月上旬摘除防虫网帐，同时对杨梅园进行全面喷药，防治杨梅介壳虫、鳞翅目幼虫保护夏梢，并施好采果肥。收回的防虫网帐应进行必要的清洗，晾干后室内存放以备明年使用。

技术指导：浙江省农业技术推广中心孙钧，
黄岩区果树技术推广总站黄茜斌

第24招 枇杷设施栽培技术

(一)基本情况

枇杷设施栽培技术通过连栋大棚、喷灌、遮阳网等设施应用,利用熏烟、喷水、遮阳、套袋等技术,实现枇杷预防冻害、裂果、日灼、皱皮等生理性病害的目的,是枇杷安全优质高效生产的主要栽培模式,在兰溪应用面积3000多亩。

枇杷设施栽培

枇杷设施栽培基地

（二）示范点情况

示范点位于兰溪市女埠街道虹霓山村，有枇杷面积2000多亩，品种以'白砂'和'大红袍'为主，近年来，通过实施水果产业提升和虹霓山枇杷标准化基地等省现代农业发展资金项目，道路、蓄水池、杀虫灯、冷库等设施较为齐全，连栋大棚3000米^2、喷灌面积400亩左右。通过设施栽培技术的集成应用，提高了产量和品质，2013年示范点枇杷每亩产量达350千克，一级果率达55%，每亩产值达2万余元，经济效益较好，农民增收十分显著。

（三）技术要点

1. 连栋大棚规格

连栋大棚规格：肩高3米，顶高4.6米，跨度6米；规模：2880米^2，其中：连栋1：1800米^2（60米×30米），由5连栋组成；连栋2：1080米^2（60米×18米），由3连栋组成。

2. 花果树体管理

（1）疏花。兰溪市一般在11～12月。一般弱树弱枝多疏、顶部多疏、强树强枝少疏。每10个枝梢留6～7个结果枝，3～4个为营养枝。疏花方法：主穗多留，副穗多疏，下部多留，上部多疏。

（2）疏果。一般3月上旬开始，3月下旬结束，先疏去畸形果、病虫果、受冻果和小果及密生果，留下果形偏长、果柄粗壮、发育健壮的大果。疏果时先疏上再疏下、先疏内后疏外，强枝强穗多留果，弱枝弱穗少留果。'白砂'品种每穗留3～4个果，'红砂'品种每穗留2～3个果。

（3）套袋。套袋前先喷药防治，药剂选用80%大生M－45浓度1000倍喷雾，袋型可选择普通双层袋（外黄内黑膜），套袋时先把果穗基部2～3片叶束在果实上面，鼓起袋子，以防纸袋直接接触果实，然后封死袋口。套袋按从上到下，从内到外顺序进行。

（4）矮化修剪。①整形：幼树整形每年3月进行，采用2层疏散分层形，第一层主枝数3～4个，第二层1～2个，主干高度不超过2.5～3米；②修剪：枇杷结果大小年现象比较严重。秋季修剪平衡结果枝与营养枝比例，以2∶1为好；春季修剪以轻剪为主，促发春梢，春梢是次年优质果的主要结果枝；夏季修剪6月上中旬完成，疏除密生枝、徒长枝，短截部分结果枝，修剪量不超过总枝量的15%。

3. 园地管理

（1）施肥。注重"四肥"：① 采后肥：一般在6月上旬，以复合肥为主，恢复树势，用量占年施肥量的20%。②花前肥：一般在10月上中旬，以复合肥＋有机肥为主，用量占年施肥量的50%。③壮果肥：一般在3月下旬至4月上旬疏果后施入，以复合肥为主，用量占年施肥量的30%。④ 根外追肥：在开花期或果实生长发育期喷施0.3%磷酸二氢钾＋0.3%尿素。

（2）土壤管理。主要注重四个方面：① 生草栽培：在5月上旬和7月上旬分别割草覆盖。② 覆草保墒：在8～9月，用稻草覆盖树盘，厚度35厘米，抗旱保墒。③ 中耕除草：在4～5月、9～10月中耕除草二次，每隔2年在秋季深翻1次，以利于根系生长。④ 开沟排水：雨季来临，及时开沟排水，以利于树体吸收养分，减少病虫发生。

4. 病虫防控

生理性病害，有裂果、日灼、锈斑、皱皮等，主要采用物理方法预防。果实在3月中下旬疏果后套袋；5月上中旬，温度超过30度时未套袋果园，光照过强可用透光率较高的遮阳网，遮阳在11～15时，每天4小时。也可以用喷灌喷水防日灼和皱皮。低温冻害前喷水防冻。霜冻时，早上4～5时喷水或熏烟防锈斑。其他病害，叶斑病，加强肥培管理，及时排水抗旱，搞好冬季清园，在3月中旬套袋前和6月上中旬采果后喷施80%大生M－45可湿性粉剂600倍液或70%甲基托布津可湿性粉剂600倍液各1次。黄毛虫，在果实采后7月夏梢抽发期防治1次，药剂可选用80%敌敌畏1500倍液或20%杀灭菊酯4000倍液。

5. 分级包装

‘白砂’品种果重大于或等于28克为一级果，小于28克大于23克为二级果；‘红砂’品种果重大于或等于30克为一级果，小于30克大于25克为二级果；其他果为等外果。等级果还必须具备果形端正，大小均匀，锈斑少、无裂果、皱皮、日灼及伤果等特征。

包装：一级果一般精装，每盒70果2千克装；二级果一般普通装，每盒2.5千克；等外果散装或作为加工原料。

技术指导： 浙江省农业技术推广中心张林，
兰溪市农业局张启

茶叶篇

CHA YE PIAN

种 田 致 富 50 招

第25招 茶园养鸡节本增效技术

一 基本情况

安吉茶园养鸡

茶园养鸡节本增效技术利用茶园进行生态养殖，鸡在茶园捕虫食草，树荫为鸡避雨、挡风、遮日，可产出优质无公害草鸡；同时鸡粪作为茶园肥料，既能保持茶园良好的生态环境，又节约了肥料成本，

安吉茶园养鸡

确保了茶叶的品质。此模式2013年在安吉柏茗茶场试验,全年共饲养白茶鸡2批,共1.8万羽,增加经济收入85万元,节本12.9万元。

(二)示范点情况

2013年在安吉县天子湖镇吟诗村建立示范点,面积300亩。示范点年放养白茶鸡1.8万羽,白茶鸡销售额160万元,除去苗鸡、防疫、饲养成本和劳动工资75万元,净利85万元。实施茶园养鸡节本增效技术后,全年可减少病虫防治成本和劳动用工120元/亩,鸡粪处理后还园,减少有机肥施用量和施肥用工,可降低成本310元/亩,平均每亩节本增效达到3263元。

(三)技术要点

1. 鸡舍建造

(1) 根据茶园地形、地貌等情况,并充分考虑鸡在茶园的活动及鸡蛋收捡是否方便等因素确定建舍地点,要求地势干燥、坐北朝南、背风向阳、水电通畅、喂料管理方便。鸡舍每平方米可容纳10只鸡左右,并配备鸡自动饮水装置。

(2) 育雏房与避雨棚设置可根据饲养量确定,以30羽/米^{2}计算。选择避风向阳、地域开阔、地面干燥、水源充足、交通便利的地方建造育雏房。另外,可根据鸡群大小和茶园地形面积,适当搭建草棚或油毡棚,防止鸡群雨淋、日晒。

(3) 鸡舍结构可就地打土墙、盖草房,室内墙壁刷白,做到冬暖夏凉。室内地面铺垫锯末、杂草、谷壳等5厘米左右厚,并设置栖架。用8厘米直径圆木搭成阶梯式,安装6盏25瓦白炽灯泡,距地面1.5米为宜。配套在鸡舍周边修建发酵池1个。

2. 鸡品种选择

茶园放养的鸡种，应选择适应性、抗病力、觅食能力强的本地鸡种。

3. 饲养管理要点

（1）雏鸡管理：饲养出壳雏鸡第一周温度宜在35℃，以后每周降温2～3℃；产蛋鸡最适宜温度在8～22℃。育雏鸡进舍后让其休息0.5～1小时，待其活动正常时先饮温糖盐水，饮水后0.5～1小时喂料，防止长途运输久渴后暴饮造成水中毒。雏鸡做到少喂勤投，糖盐水饮用24小时后改饮清水（加防白痢药物）。育雏阶段应饲喂正规厂家的雏鸡颗粒料，60日龄后逐步过渡到自配饲料。从4周龄后按大小、强弱、公母逐步分群饲养，个别残雏、弱雏及早淘汰。

（2）放养密度与规模：在鸡45日龄时，选择适宜温度的晴天中午慢慢开始向室外放牧，可采取意向性喂食方法，将鸡引导至指定的茶园地块任其自由活动觅食。夜晚熄灯后将地面上的鸡捉放在栖架上，如此训练几次，尽量让鸡在栖架休息，避免室外过夜。鸡放养密度以每亩茶园30羽左右为宜。过密虫草不足，人工喂料过多，影响肉质风味；过稀资源利用不充分，效益不明显。放养的适宜季节为春夏秋季，冬季由于气温低，虫草减少，应适当停止放养。

（3）营养：放养时应适当补饲精料，以玉米、豆粕、麸皮和青糠为主。建议配方为：开产前豆粕18%、玉米60%、磷酸氢钙（骨粉）1.5%、石粉1%、多维及微量元素1%、麸皮18.2%、盐0～3%；开产后豆粕23%、玉米65%、磷酸氢钙（骨粉）1.5%、石粉7%、多维及微量元素1%、麸皮2.2%、盐0.3%。

（4）防疫措施。

1）茶园养鸡疾病：防范难度大，免疫工作要求质量高，应按照免疫程序，逐羽免疫注射。根据当地疫情，主要做好马立克、新城疫、法氏囊等主要传染病的免疫。

2）做好定期消毒，发现病鸡隔离饲养，避免交叉感染。

3）要防止天敌和兽害，如老鹰、黄鼠狼等；实行轮牧，以达到生物自净。

4）做到“三勤”。即勤晒或更换垫料，保持室内清洁、空气新鲜、不潮湿；勤用化学药品消毒；勤观察鸡行为、粪便、羽毛、食量、饮水，发现异常查明原因及时诊治处理。

技术指导：浙江省农业技术推广中心金晶，
安吉县农业局经作站赖建红

第26招 茶园安全高效生产技术

一 基本情况

茶园安全高效生产技术充分利用物理、生物防治病虫害的优势，春季杜绝农药施用。5月上旬春茶结束后，即行茶树修剪。5月底，通过使用杀虫灯、诱虫色板等绿色防控技术，压控茶园害虫总量。6～8月期间视病虫为害情况，合理选用农药，开展统防统治，从而保障茶叶源头质量安全。同时，重点提升春季名优绿茶生产能力和春茶品质；充分利用夏秋茶资源，在6～9月采制红茶、香茶等，提高茶叶资源利用率，增加茶园整体生产效益。目前，该技术已在杭州、丽水等茶区推广应用，是保障产品质量安全、挖掘和提升茶叶经济效益的生产模式。

安全高效生产技术示范茶园(淳安)

二 示范点情况

2013年在淳安县里商乡鱼泉村建立示范点，面积395亩。据调查，示范点名优茶每亩产量26千克，每亩产值5820元，比当地其他茶园平均每亩产值高2320元，增幅为66%，茶叶质量全部符合国家标准。

(三)技术要点

1. 茶园统防统治要点

(1)成立茶园统一植保队伍,配备防治器具,并确定一名植保员,参加茶园病虫防治技术培训,掌握相应技能,负责茶园虫情观察和防治工作安排。

(2)茶园中安装频振式杀虫灯,按每40亩左右茶园面积配1只杀虫灯的密度进行分布安装。

(3)在6月、8月害虫高发季节,茶园中安放诱虫色板,按每亩20～30片均匀放置。

(4)在6～9月病虫高发季节,视茶园病虫为害情况,选用对口无公害茶园推荐农药,由植保队统一开展防治服务,确保用药安全和防治效果。

2. 多茶类生产要点

(1)春季以生产高档名优绿茶为主,重视茶情观察,及早按标准采摘,提高产品质量。

(2)春茶后期统一修剪,增施追肥(每亩施复合肥30千克),培育壮枝。

(3)在6～9月,根据市场需求,采摘加工红茶或香茶等产品,提高夏秋茶资源利用率,增加经济效益。

(4)在10月底,重施秋基肥,通常每亩施商品有机肥200～300千克。

技术指导: 浙江省农业技术推广中心陆德彪,
淳安县农技推广中心王华建

第27招
茶叶优质高效技术

一 基本情况

通过对茶园安装太阳能杀虫灯、喷滴灌、防霜冻风扇等设施，改善茶园基础设施；应用茶园绿色防控技术，实施病虫害统防统治；应用测土配方施肥和肥水同灌技术，以及实行名茶生产和优质香茶生产相结合等单项技术的集成，实现茶叶生产的优质高效。该模式主要分布在松阳县新兴镇大木山一带，有连片茶园基地近万亩，该基地常年每亩产量100～160千克，以生产松阳香茶为主，早春生产名茶，平均每亩产值在1万元左右。

松阳大木山茶园

（二）示范点情况

2013年在位于松阳县新兴镇大木山的浙江越玉兰茶叶有限公司茶叶基地建立示范点，面积500亩。示范点每亩产香茶和名茶共185千克，茶叶平均价格比常规增加8元/千克；产值达16650元，比常规茶园每亩产值增加3530元；扣除成本11320元/亩，每亩实现净利润5330元。示范点进行农药化学防治次数比常规茶园减少2.26次，化学农药使用量减少28%，降低人工成本38.9%，每亩节省农药成本69元。示范点比常规茶园化肥用量减少15%，每亩节省化肥成本48元，节本增效明显。

（三）技术要点

1. 病虫害绿色防控

（1）坚持“预防为主，综合防治”的植保方针，严格实施“五统一”防治技术，实现专业化统防统治。

（2）在茶树病虫害的防治中，以农业防治为基础，大力推广物理防治、生物防治等绿色防控技术，重点示范推广应用灯光诱杀、信息素诱捕和生物农药防治技术，减少化学农药施用次数，降低农药残留，降低成本，保护和利用有益的天敌昆虫，增加茶园物种数，实现茶园病虫综合治理。

2. 测土配方施肥

（1）对大木山茶园土壤进行监测，经过多年的实践采取了“减氮、控磷、增钾、补镁”的施肥策略，以保持茶树的营养平衡。在具体施肥过程中，掌握“重施基肥，适施追肥，少量多次，氮、钾搭配，控制磷肥，不忘镁肥”的原则。

（2）冬季基肥。每亩施精制有机肥或饼肥200千克，硫酸镁15千克，尿素20千克，硫酸钾10～15千克，硫酸锌2千克。

（3）春季催芽肥。高氮高钾无磷复合肥与氮肥配合使用。高氮高钾无磷复合肥25千克，尿素30千克，以利于茶芽早生快发，提高茶叶产量和茶树抗逆能力。

3. 肥水同灌

追肥可采用肥水同灌的方式进行。通过测土配方施肥技术和肥水同灌技术的配合使用，既节省了人工成本，也降低了化肥的使用量，同时提高了化肥的利用率。

4. 多茶类组合生产

根据鲜叶不同时期、不同阶段，结合市场需求，实行多茶类组合生产技术。示范点的茶叶采用“名茶—红茶—香茶”多茶类组合生产，充分利用鲜叶资源，提高茶叶经济效益。

技术指导：浙江省农业技术推广中心陆德彪，

松阳县农业局特产站叶火香

第28招
茶柿立体复合栽培增效技术

（一）基本情况

茶柿立体复合栽培增效技术充分利用温、光、水、土等自然资源，通过在茶园套种柿树，实现茶树、柿树共生，改善茶园小气候，既增加夏秋茶经济效益，弥补了夏秋茶利用率低的缺陷，提升了柿子品质，增加了柿子收入，显著提高了茶园经济效益。该模式主要分布在浙江省天台、新昌、嵊州、上虞等茶叶主产县(市、区)。

茶柿共生茶园

天台县茶柿共生茶园

(二)示范点情况

茶柿立体复合栽培增效技术提质增效示范点建设在天台县雷峰乡茶丰村，总面积达800亩。据调查，春茶平均每亩产量25千克，每亩产值6500元；夏秋茶收购价较低，每亩产量较高，平均每亩产量45千克，平均每亩产值4400元；柿子每亩产量470千克，每亩产值1100元。全年总产值达到12000元，相对纯茶园来说，产量更高、效益更好。其中天台县建瓴茶叶专业合作社应用此模式面积300亩，春茶平均每亩产值7565元，夏秋茶平均每亩产值4512元，茶叶每亩净收益达6924元。

（三）技术要点

1. 茬口安排

以行距1.5米、株距0.25米安排布置茶行，视茶园具体立地条件每亩套种柿树8～10株。茶树栽培可在2月中下旬至3月上旬或10～11月，第三年开春采摘。柿树植栽时间为每年12月至次年2月上旬，植后第二年定干，柿树成熟后一般于9月下旬至10月中旬采收。

2. 茶树栽培要点

（1）品种选择。选用抗性强、适制性好、产量高的（无性系）优质良种，本试示范点用‘浙农113’、‘龙井43’、‘乌牛早’三个品种，采用前两代的较纯品种，每亩用苗量3500株。

（2）翻耕整畦。畦宽以1.5～1.8米、沟宽为0.25～0.3米为宜。

（3）栽植时间。2月中下旬至3月上旬或10～11月。适当密植，条带种植，行距1.5米、株距0.25米，每丛并列种2株，浇足定根水，注意遮阴保湿。

（4）施肥。施足基肥，在移栽前一个月，以腐熟的栏肥作基肥，每亩施入栏肥2500千克，施好基肥后加土覆盖。

初夏进行第一次施肥，每亩用腐熟的粪尿50～100千克或速效肥适量兑水稀释后浇施，夏秋季再追肥1～2次，第二年开始，每年分春秋季施追肥3～5次，注意“少量多次”并保持用量随树龄增长逐年增加。

（5）定型修剪。一般分三次进行。第一次定型修剪在茶苗移栽定植时进行，在离地0.15～0.2米处用整枝剪剪去主枝；第二次定型修剪在栽后第二年2月中旬至3月上旬进行，在离地0.3～0.35米或在上年剪口上提高0.1～0.15米处用篱剪修剪；第三年定型修剪在定植后第三年春茶采摘后，在离地0.45～0.5米处用修剪机修剪。茶园成龄后，可每年或隔年进行一次修剪。

（6）浇水。幼苗期应注意适时浇水，每次应全面浇透，保持土壤湿润；夏季干旱来临之前，在茶株两旁各0.3米处，铺厚约0.1米的麦秆、稻草等覆盖物，上压碎土。

（7）采摘。第三年春季茶叶可进行采摘，采摘量按市场需求进行。

3. 柿树栽培要点

（1）选择柿苗。柿苗选用地径≥0.8厘米、高≥0.7米的Ⅱ级以上红朱柿合格苗。

（2）栽植时间。每年12月至次年2月上旬栽植，梯地种植，柿树靠外侧、茶树靠内侧，种植时除去柿苗嫁接处薄膜条。

（3）施肥。施足基肥，在栽前一个月，以0.8米×0.8米×0.6米的植穴规格计算，每穴施25千克腐熟的栏肥加1千克磷肥的基肥，施好基肥后加土覆盖。

追肥：花前期以氮肥为主，适当配以磷钾肥。结果树的保花保果肥，以氮肥为主，磷肥为辅。壮果肥，以钾肥为主，配施氮肥。氮、磷、钾三要素比例为：幼龄期10∶6∶6，成龄期10∶6∶10。

（4）定干。在植后第二年进行定干。为了不影响茶叶生产管理，适当提高定干高度。

（5）采收。一般在9月下旬至10月中旬。果实发育成熟后自果梗部用柿叉采摘，轻采轻放，防止损伤果实和母树，采摘量按市场需求进行。

（6）病虫害防治。做好杂草及螟虫、纹枯病、细菌性病害等病虫害防治，根据病虫情报及时对症下药。

技术指导：浙江省农业技术推广中心俞燎远，天台县林特局许廉明、陈俊

第29招 多茶类组合生产技术

(一) 基本情况

多茶类组合生产技术充分利用不同茶树品种的适制性、不同季节茶树鲜叶原料物理化学特性，扬长避短，分别按红茶、乌龙茶、绿茶标准采摘加工相应茶类，提高茶树资源利用率和经济效益。此模式主要在武义县半山区地带的白姆乡、俞源乡和柳城镇等地应用，面积在4000亩以上，茶园每亩产值超过7000元。

武义县多茶类产品展示

(二) 示范点情况

2013年在武义县白姆乡金坑脚的浙江更香有机茶业开发有限公司有机茶基地建立技术示范点400亩。2013年，在3～7月、9月共生产加工红茶546千克，实现产值27.3万元；在5月、11月共生产加工乌龙茶628千克，实现产值62.8万元；在3～9月共生产绿茶14325千克，实现产值209.8万元。全年生产红茶、乌龙茶和绿茶等干茶共计15500千克，产值达到300万元，平均每亩产值7500元。

(三)技术要点

1. 茶树品种搭配

种植红绿茶兼制品种'春雨一号'、'春雨二号',红茶乌龙茶兼制品种金观音、铁观音。

2. 采摘期安排

(1) 红绿茶兼制品种3月至4月中旬,采摘单芽或一芽一、二叶加工绿茶或高档红茶。

(2) 红茶乌龙茶兼制品种4月下旬至5月中旬,采摘一芽一、二叶加工中低档红茶。

(3) 在9月下旬至10月下旬,采摘金观音、铁观音加工红茶或乌龙茶。

3. 茶园管理技术要点

(1) 分别在3月、5月、7月进行茶园人工除草。

(2) 在3月上旬安装太阳能诱虫灯20盏。

(3) 在5月下旬、6月上旬采用信息素诱虫板、植物源农药防治假眼小绿叶蝉等茶园虫害。信息素诱虫板间距3米，植物源农药每亩用量200克。

(4) 在11月下旬每亩施150千克菜籽饼。

技术指导：浙江省农业技术推广中心陆德彪，
武义县经济特产站徐文武

蚕桑篇

CAN SANG PIAN

种 田 致 富 50 招

第30招 蚕桑复合种养技术

（一）基本情况

蚕桑复合种养技术是指利用现有桑园开展套种、套养，以种养结合实现资源循环利用，提高桑园单位面积产出效益的一种生产技术模式。目前在全省各地有多种形式的复合种养技术，比较常见的有桑园养鸡、桑园套种蔬菜等，我们现在开展的蚕桑复合种养技术是结合湖州产业现状，选择果桑品种建立桑园，收获桑果，桑叶养蚕，养殖湖羊、放养土鸡，畜粪肥桑，形成一条生物链，实现桑园资源生态循环零排放。具体见如下循环模式图：

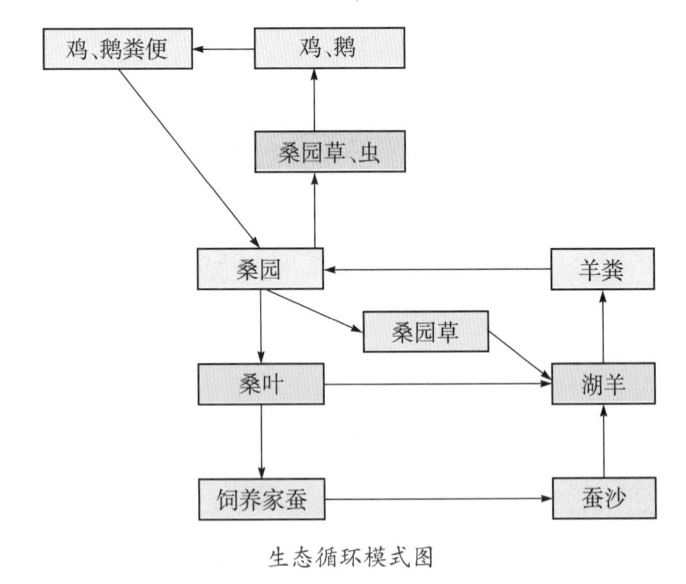

生态循环模式图

桑树栽培基地

成熟的桑葚

桑园养鸡

二 示范点情况

示范点位于湖州市南浔区练市镇朱家兜村，实施主体是湖州练市朱家兜蚕桑专业合作社。共成片种植了‘大十’、‘8632’、‘四季果桑’、‘日本甜橙’、‘台湾72’、‘台湾46’、‘安杂8号’、‘桂花密’八个果桑品种，面积100亩，其中20亩开展果桑苗木繁育。2013年基地生产果桑27吨（出售到企业），收入10.8万元，采摘及门票收入2.5万元，合计桑果收入13.3万元；桑叶制茶15吨，收入3万元；养鸡两批共800只，鸡及蛋收入8万元；白鹅、灰鹅250只，收入2.5万元；湖羊40只，收入6万元；小蚕共育20张、大蚕2张，收入0.8万元；品种桑苗繁育18万株，收入27万元。合计收入60.6万元，全年平均每亩产值达到了6060元，超出面上平均每亩桑产值的142%，每亩净利润达到3750元。

由于2013年是果桑开摘第二年，还没有达到盛产期产量。同时，受禽流感影响，鸡的养殖量只有计划的50%，加上200头规模的羊舍建设2013年下半年才完成，饲养量不足，实际完成计划的20%。下一步要完善基础设施，增加蚕、鸡、羊等饲养量，实现每亩产值达到1万元的建设目标。

三 技术要点

1. 茬口安排

根据生产管理、销售时期、消费习惯以及桑园利用的要求，一年饲养春蚕、晚秋二期蚕，桑园饲养家禽上半年和下半年各一期。具体时间段安排：5月初养春蚕，同时开始收获桑果，5月25日前桑果收获结束，6月初蚕茧收获；6月初进第一批鸡，9月底出售；9月中下旬晚秋蚕饲养，10月中下旬晚秋茧收获；10月中下旬开始饲养第二批鸡，第二年4月底前出售。

2. 大蚕室与鸡棚套用技术要点

（1）合理安排好时间。春蚕4龄大蚕进棚到6月初采茧，然后进行蚕沙清理、消毒，第一批鸡进场；晚秋蚕3龄进棚到10月中下旬采茧，再进行清理、消毒，第二批鸡进场。根据以上时间要求，需要准确计算春蚕和晚秋蚕的发种时间。

（2）蚕室（鸡棚）面积与饲养量。1张蚕种需30米^2，大蚕采用3层蚕

架，1层蚕架10米^{2}可饲养1张蚕种；鸡的饲养量根据1亩桑园20～30只的标准安排。

3. 桑园鸡饲养技术要点

（1）品种选择。根据各地实际选择品种，一般应选择商品鸡，个体不是很大，如‘仙居鸡’等，并配5%左右的雄鸡比例。

（2）饲养密度。每亩桑园饲养20～30只鸡为宜。

（3）饲养时间。苗鸡饲养到0.25～0.5千克并打好防疫后再进棚饲养，一般饲养5个月以上即可出售。

4. 湖羊饲养技术要点

（1）羊棚选址。选择地势高燥、水源充足、交通便利之处建造。

（2）羊棚标准。可根据实际情况来建设，一般1只商品羊需要0.6～0.8米^2；1只种母羊需2～2.5米^2。

（3）饲料要求。可以就地取材，桑叶、桑枝、蚕沙、桑园草、玉米秆等。

（4）繁育。采取自繁，4～5月交配，5个月产子。

（5）防疫。根据当地防疫要求进行。

5. 桑菌核病防治技术要点

桑果生产成功与否的关键是桑菌核病的防治，2013年是果桑投产的第二年，是桑菌核病的防治工作重要时期。要根据气候变化、果桑发芽开花情况，把握好药物防治的最佳时机，采取每间隔5天用50%多菌灵可湿性粉剂800倍液与70%托布津粉剂1000倍液交替喷花，连续喷4次，开采前20天结束。通过积极防治，2013年几乎没有发生桑菌核病。

技术指导：浙江省农业技术推广中心潘美良、谷利群，
湖州市经济作物技术推广站钱文春

第31招 蚕桑规模化生产技术

（一）基本情况

蚕桑规模化生产技术适宜于蚕桑规模经营单位（合作社、家庭农场、蚕桑大户），充分利用桑园资源、养蚕设施设备，实行一年多次复式养蚕，通过合理养蚕布局，增加亩桑荷种量，提高单位面积效益。此模式已在新昌县实施550亩桑园，一般每亩桑产值达3500元以上，净效益600元以上。

新昌华兴桑业专业合作社技术示范点桑园基地　　新昌华兴桑业专业合作社技术示范点养蚕室

（二）示范点情况

示范点位于新昌县梅渚镇宋家村，实施单位为新昌县华兴桑业专业合作社，2013年实施面积550亩桑园，重点推广雄蚕'秋华×平30'以及'秋丰×白玉'等强健型家蚕品种，连续化复式饲养、小蚕共育与大蚕条桑育、蚕病防病、鲜茧烘干等技术。全年养蚕12次，饲养蚕种1030张，生产蚕茧37吨，平均每亩荷种量1.9张，产茧67.3千克，产值3455元。比新昌全县平均每亩桑荷种量高0.8张，高了72.7%；产茧高23.6千克，高了54.0%；每亩产值高1645元，高了110%。同时，增加了当地农民收入，全年有100余人参加6～7个月的养蚕，月工资2500元左右，最高可超4000元。

为提高劳动生产率，降低生产成本，到目前为止，合作社共购置伐条机18台、高压机械喷雾机3台、蚕室加温空调机12台、切桑机6台、农用运输车2辆、桑枝粉碎机1台、消毒用喷粉机3台等机械化设备45台套。

（三）技术要点

1. 桑园管理

一般春肥在3月中旬前后施入；夏肥视夏伐情况边伐条边施肥，时间在5月中旬至6月下旬；秋肥在采叶后施入。由于当地环境较好，加上桑叶利用率高，桑树病虫害很少发生，基本可不用农药防治。桑园施肥、治虫、除草等管理由合作社统一负责，养蚕基地范围内其他农作物病虫害防治也由合作社统一协调，以防止农药污染情况的发生。

2. 家蚕饲养与蚕病防控

（1）多批次复式饲养布局。为了充分利用蚕室、设备、劳力等资源，提高桑叶利用率，实行多批次复式饲养的布局模式，各批次布局见表5。

表5　多批次复式养蚕布局(新昌华兴,2012)

期别	次序	收蚁时间(月/日)	饲养数量(张)	占当期/占全年(%)
春期	1	4/23	120	20.7/10.2
	2	5/3	150	25.9/12.7
	3	5/14	130	22.4/11.0
	4	5/26	100	17.2/8.5
	5	6/6	80	13.8/6.8
	小计	5次	580	100/49.1
夏期	6	6/19	50	45.5/4.2
	7	6/29	60	54.5/5.1
	小计	2次	110	100/9.3
中秋	8	7/15	80	57.1/6.8
	9	7/28	60	42.9/5.1
	小计	2次	140	100/11.9
晚秋	10	8/23	120	34.3/10.2
	11	9/12	130	37.1/11.0
	12	9/16	100	28.6/8.5
	小计	3次	350	100/29.7
全年		12次	1180	100

(2)精养小蚕。蚕品种以雄蚕‘秋华×平30’为主。根据桑园分布,分片建专用小蚕室,采用空调调节温度。严格掌握温湿度,精心养好小蚕,基本上做到10天眠3眠,并采用一日二回育技术。春、晚秋,小蚕集

中养到3龄，4龄进入大蚕室；夏、中秋，小蚕集中养到4龄，5龄进入大蚕室，确保小蚕健康，确保少发病或不发病。

（3）大蚕省力化。大蚕室每间4米×10米砖混结构，屋顶以瓦片为主，部分为玻璃钢瓦，采用蚕台育、地蚕育，应用一日三回育技术，春期全部为条桑育。

（4）重消毒控蚕病。

1）环境消毒。每期养蚕前和蚕期结束后，对周围环境进行一次漂白粉全面消毒。

2）蚕座消毒。大蚕用自制大功率机械喷粉机进行蚕体消毒，药剂为5:1的石灰＋漂白粉，做到至少隔天一次，喷后密闭蚕室，使蚕室充满防僵粉，靠防僵粉自然落下进行蚕体蚕座蚕室消毒。

3）蚕室、蚕具消毒。养蚕结束后回山消毒，一般对蚕室进行2次消毒，一次漂白粉清毒、一次三氯异氰脲酸熏烟剂。

为保证蚕药质量，所用药品直接从蚕药厂购入，并按照技术规范配制药剂，严格按照要求进行消毒防病工作，并由专人负责。

（5）自动上蔟。在有少量蚕见熟后，添食蜕皮激素一次（片叶），然后放上塑料折蔟关闭门窗并用黑布遮光。待20～30小时后视营茧状况（蚕座见白）打开门窗，进行通风换气，在上蔟后4～5天（一般春蚕、晚秋蚕5天，夏蚕、中秋蚕4天），待吐丝终了开始采茧，并将所采鲜茧集中在茧站摊薄堆放，待毛脚化蛹、蛹体颜色由黄转为棕色时开始烘茧。

3. 蚕茧烘干

利用自有烘茧设备，将鲜茧加工成干茧，待蚕茧价格合适时销售，以降低市场风险，提高经济效益。

技术指导：浙江省农业技术推广中心周金钱、潘美良，
新昌县蚕业管理总站楼平、王伟毅

第32招 省力化养蚕技术

一 基本情况

省力化养蚕技术主要是运用小蚕集中共育、大蚕二回育技术，再结合蚕茧收烘销售干茧，以提高蚕桑生产效益。小蚕集中共育目前在浙江省桐乡、淳安等地应用较多，能有效促进小蚕发育整齐，控制蚕病发生，且省工、省力。大蚕二回育主要采用大蚕条桑育，减轻蚕业劳动强度，提高劳动效率。

小蚕共育服务

大蚕省力化饲养

二 示范点情况

2013年在桐乡市石门镇东池村建立示范点，桑园面积1300亩。据调查，示范点共饲养蚕种3252张，生产蚕茧153795千克，实现产值619万元。平均每亩桑养蚕种2.5张，产茧118.3千克，每亩桑产值达到4761元，土地产出率大幅提高。通过实施省力化养蚕技术，提质节本增收明显，每张蚕种可节省劳工3个，每亩桑可节省劳工7.5个，按每工60元计算，可节省450元。另外，蚕茧质量改善使售价每千克提高2元，每亩可增加236.6元。

三 技术要点

1. 小蚕集中共育技术要点

小蚕集中共育采用小蚕"托儿所"的有偿服务方式，由蚕农提供蚕种，每张蚕种支付50～60元的服务费，桑叶可根据需要按标准定额解缴，也可按市价支付桑叶代金，专业户负责统一补催青，待2龄结束后，将眠蚕领回家进行各自饲养。

(1) 补催青。要提前做好共育室消毒。蚕种进入共育室当天做好黑暗保护，室温逐渐调至25～26℃，干湿差1.5～2℃，第二天上午感光收蚁。

(2) 收蚁。引诱蚁蚕桑叶要选用当日新采叶，一般春蚕采新梢上第二叶；夏蚕采春伐桑第二、第三叶，或夏伐桑新梢下部叶；秋蚕采枝条顶端第二、第三叶。收蚁室内温度24℃，干湿差1.5℃。

(3) 小蚕饲养。小蚕饲养以保温、保湿、保鲜为中心。食桑期间温度控制在27℃左右，干湿差0.5℃，眠中温度控制在26℃左右，干湿差1～1.5℃。每日给桑2次，每次给桑量应比常规育增加80%左右。及时除沙，在饷食前(收蚁时)、加眠网时撒仁香散进行蚕体消毒。

（4）及时分蚕。待2龄结束后，根据蚕农提供的蚕种张数将眠蚕领回家进行各自饲养。

2. 大蚕二回育技术要点

大蚕二回育指4～5龄期家蚕采用1日给桑2次的饲育方法。具体技术要点为：

（1）桑树管理。2月底前进行桑树强剪梢，留枝条长度40～50厘米。春蚕期3龄眠中，对5龄用叶桑园进行摘芯，摘去一叶一芯。7月中旬，桑树枝条长到50厘米左右进行摘芯，摘去一叶一芯，使其梢端多个腋芽萌发生长，供晚秋蚕用叶。

（2）条桑采伐。春期条桑收获区不采片叶，4～5龄期剪伐条桑，新梢与老枝条一起剪伐。秋期把桑树枝条中下部叶片供中秋蚕饲养，晚秋期留2～3叶剪伐枝条。

（3）大蚕饲养。每张蚕种地床面积22米^2，按宽1.8米作畦，畦床铺无毒稻草，中间和四周留操作道。4龄饷食时，进行常规消毒，饷食用片叶，2小时后将蚕儿落入地床。蚕儿落地后及时给桑，带条新梢与畦向平行放入。

（4）扩座时间。在4龄第二天每畦面积扩放到6米^2，宽1米；5龄第二天每畦面积扩放到9米^2，宽1.5米；第四天每畦面积扩放到约11米^2，宽1.8米。

（5）眠起处理。4龄见眠蚕约12小时，有少量青头蚕时，在蚕座上重撒新鲜石灰粉，加提青网给片叶提青。待5龄饷食第一回用片叶，第二回开始用带条新梢叶。

（6）消毒防病。地面消毒：使用1%有效氯溶液或1∶8漂白粉加新鲜石灰粉消毒。蚕体蚕座消毒：在4龄蚕落地后，每天傍晚给桑前用新鲜石灰粉或1∶8漂白粉加新鲜石灰粉进行蚕体蚕座消毒，每次张种用量2.5千克。蝇蛆病预防：4龄第四天，5龄第四天、第六天分别使用灭蚕蝇500倍液添食或300倍液体喷。

（7）蔟中管理。温度23～25℃，干湿差2.5～3℃。每张蚕种需塑料折蔟40片，或方格蔟200片，或蜈蚣蔟80～100米。

3. 蚕茧收烘

实行蚕茧收烘，将鲜茧加工成干茧，待蚕茧价格合适时销售以提高经济效益。

技术指导： 浙江省农业技术推广中心吴海平、董久鸣，
桐乡市蚕业管理站吴纯清

第33招 小蚕工厂化共育技术

一 基本情况

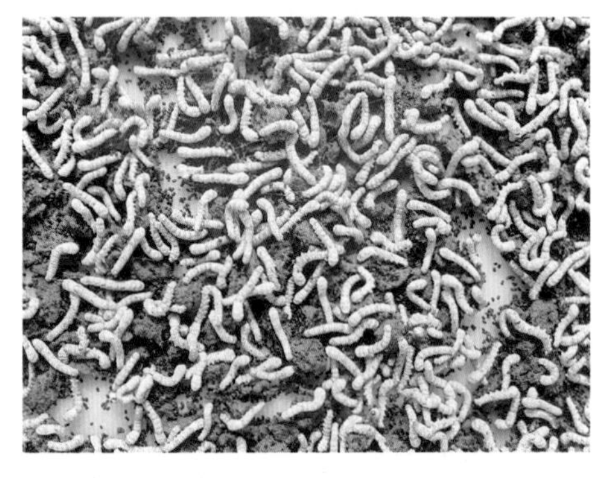
人工饲料

养蚕室

小蚕工厂化共育技术主要集成了小蚕高密度饲养、电器加温补湿、小蚕人工饲料养育等技术，通过选择适宜设施和较高饲养水平人员进行小蚕高密度饲养，同时采用人工饲料饲养小蚕，可有效提高小蚕饲养水平，有利于消毒防病，可充分利用房屋、劳力和物资，有效降低生产成本，还能打破家蚕自然饲养的限制，有效防止小蚕期氟化物、农药中毒，提高蚕桑经济效益。此技术现主要在淳安县的蚕桑重点乡镇应用，应用蚕种达3万张，与面上相比，一般张种增收节本在400元以上。采用高密度技术和人工饲料饲养小蚕是当前形势下蚕业生产上的一

项技术革新。目前，浙江省嘉兴市、湖州市的部分重点县市在生产上应用人工饲料饲养小蚕也进行了探索与实践。

(二)示范点情况

2013年在淳安县蚕桑重点乡镇的汾口镇宋祁村、浪川乡大联村进行了小蚕工厂化共育技术示范点建设，实施规模1440.5张（其中人工饲料育510张）。其中，汾口镇宋祁村示范点共育小蚕713.5张，浪川乡大联村饲育蚕种727.0张。全年共产茧72.97吨，产值335.64万元，张产提高6.3千克，增收287.7元/张，节本160.1元，张种增收节本447.8元，共节本增效64.49万元。

(三)技术要点

1. 设施（设备）要求

（1）小蚕专用蚕室。选址要求地势高、干燥、道路通达，周边无有害物，远离大蚕室、蔟室。每饲养50张蚕种，配备饲育室40米^2，另配贮桑室15米^2，附属室10米^2。

（2）小蚕专用桑园。栽植优良早熟桑树品种，每饲养50张蚕种应建立小蚕专用桑园5亩。为满足全年各期小蚕用叶，安排1/3左右桑树提早夏伐，1/3左右桑树正常夏伐，1/3左右桑树在夏蚕结束后伐条。次年桑树实行轮伐。

（3）加温补湿设施。每50张蚕种配备1.2～1.5千瓦温湿自动控制器3台（其中1台备用）。

（4）饲养器具。每张蚕种配标准的叠放式木框7只，50张蚕种需配备385只（其中35只用以调剂备用）。

（5）小蚕人工饲料育用具。每50张蚕种配备2.5～3.0千瓦蒸煮机1台，1千瓦和粉机1台，1.5～2千瓦空调机1台，补湿机、除湿机、压料器各一台，盛放饲料方盆20只。

（6）其他设施和用具。每50张蚕种配备长130厘米、宽100厘米、深20厘米的消毒池1个，长180厘米、宽180厘米、深100厘米的蚕沙处理池1个和蚕沙处理箱1只。还需配套收蚁袋、专用喷雾器、小蚕网、打孔聚乙烯薄膜（或防干纸）、温度计等饲养用具。

2. 饲育要点

（1）补催青与收蚁。蚕种到室后，蚕室遮光保持黑暗，温度24℃，干湿差1～2℃，收蚁前一天傍晚升温至25.5℃。蚕种数量多，提倡用收蚁袋补催青、收蚁。每张蚕种蚁蚕定座面积为30厘米×40厘米。当天未孵化的蚕卵继续黑暗保护，第二天再收蚁。

（2）小蚕饲养。小蚕饲养主要是以加温补湿、良桑饱食、消毒防病为中心做好各项工作。具体饲养技术参数见表6。

表6　小蚕饲养技术参数表

龄别	1龄	2龄	3龄
目的温度（℃）	27～28	26～27	25～26
干湿差（℃）	0.5	1	1
桑叶采摘	叶色绿中带黄，新梢第二叶	叶色正绿色，新梢第四、第五叶	叶色浓绿，三眼叶或新梢中部叶
切桑标准	小方块叶	方块叶	三角形碎叶或片叶
除沙次数	眠除1次	起、眠各除1次	起、中、眠各除1次
蚕体蚕座消毒次数	收蚁（起蚕）、将眠及每天早晨给桑前各1次		
张种给桑量（千克）	1.5	5.0	20
张种蚕座最大面积（米^2）	0.8	2.4	5.6

在小蚕饲育过程中，要注意做好蚕座处理工作，掌握超前扩座原则。各龄盛食期应达到当龄最大蚕座面积。1龄1个木框、2龄3个木框、3龄7个木框。蚕座消毒以新鲜石灰粉和农家得宝等蚕座消毒粉剂交替使用。在眠起处理上，做到适时加眠网、提青分批、眠中管理、适时饷食。在消毒防病上，要做到收蚁及每次饷食前用防僵粉消毒。每天对蚕室、贮桑室、贮桑用具等消毒，淘汰的迟眠蚕和弱小蚕要放入指定的消毒缸中处理。在小蚕饲养前7天及结束后，按“先消毒、后清洗、再消毒”的程序进行消毒，并对蚕室、蚕具及蚕室四周环境进行全面消毒。

（3）人工饲料养育技术。

1）饲料制作与消毒。粉体饲料加水以1.65倍较好。糅合均匀后装入市售的保鲜袋内，每袋装入湿体饲料1千克左右。放在蒸笼中蒸煮，等水汽到顶后再蒸45分钟取出，冷却后待用。

颗粒饲料使用前基本为无菌包装，喂蚕时所有接触饲料的器具都需要消毒、灭菌。喂蚕时将颗粒饲料加入相当于饲料干重1.7倍（1龄）或1.6倍（2龄）的无菌水、纯净水或凉开水，搅匀，待水分全部均匀地吸入饲料后给饵（给饵前加水，不要太早，否则放置时间过长会导致饲料黏在一起，不便给饵）。在整个操作过程中，尽量减少污染。

2）人工饲料的饲养方法。

饲料用量：每张蚕种1龄用粉体饲料0.7～0.8千克，2龄用1.1～1.2千克。一般情况下，颗粒饲料每张种（28000头）1龄用干饲料500克，2龄1200克左右。

切料与给饵：1～2龄均采用切条育。1龄切条宽度0.5厘米左右，2龄切条宽度为0.8厘米左右。1龄切条摆放间隔0.3～0.5厘米，2龄切条摆放间隔0.5厘米左右。饲料为每龄期一次给足，龄中一般不予补料。颗粒饲料1～2龄每龄给饵1次（收蚁及2龄起蚕各1次），给饵量因蚕品种不同而有所差异。根据蚕座面积和给饵量，将吸好水的饲料均匀分布于养蚕塑料箱或蚕匾中。

收蚁方法：采用收蚁袋收蚁，一般早上7～9点进行。收蚁时撕开收蚁袋,将有蚁蚕的一面放在已经摆好的饲料上,让蚕自行爬到饲料上后,将剩余的少量蚁蚕用蚕筷打落到饲料上。

扩座与匀座:于蚕龄初一次性放足面积,饲育过程中一般不扩座。特别情况下需要扩座时,可将料块和蚕一并夹起放到蚕座四周,再在其外围加放一圈饲料。收蚁结束后1～2小时后匀座。匀座时,将饵料和蚕儿用蚕筷一并夹起,放到蚕儿少的地方或四周。在2龄饷食后数小时,也用同样方法对蚕儿进行匀座。

眠起处理:见少量眠蚕后,经5～6小时,开门窗换气,降低室内温度,让饲料尽快干燥。人工饲料从见眠到95%以上入眠的时间比桑叶育要长,等到起蚕达到98%以上并向四周爬散时,为饷食适期。

蚕体蚕座消毒:1～2龄不使用蚕体蚕座消毒药剂,3龄改为桑叶育时,于饷食前用一次防僵粉。

蚕室环境控制:共育室内1龄期温度保持在29～30℃,2龄期保持在28～29℃;蚕儿进食期间干湿差保持在1.5℃左右,50%左右蚕儿入眠后室内干湿差保持4℃左右。除操作期间外,采用黑暗密闭饲育。共育期间不必采取定时换气措施。

3龄饷食与分户饲养管理:3龄起蚕向四周爬散时,撒防僵粉,加网饷食。3龄饷食用桑叶,采用适熟偏嫩的2龄盛食叶,切成三角叶饷食。第二次给桑后提网除沙,分蚕到户。蚕儿分发到户后,正常饲育。

技术指导: 浙江省农业技术推广中心潘美良、周光明,
淳安县蚕桑管理总站邵国庆

特产篇

TE CHAN PIAN

种 田 致 富 50 招

第34招 西红花—水稻轮作技术

西红花田间生长

西红花室内开花

（一）基本情况

西红花生产分大田球茎繁育和室内培育开花采花两个阶段。一般11月中下旬球茎移栽到大田，至次年5月上中旬球茎收获，即大田球茎繁育阶段；从5月上中旬球茎收获后运回室内培育，9月初抽芽，11月上旬开花、采花后仍将球茎移栽大田，即室内培育开花阶段。西红花球茎收获后，大田还可以种植一季水稻。该模式稳粮增效，在确保粮食生产的同时，又能增加农民收入，是一项“千斤粮，万元钱”生态高效模式。该技术主要在建德、淳安、遂昌、缙云、开化、海宁、安吉、吴兴、慈溪、定海、天台、三门等地应用，2013年，全省应用面积6000亩左右。一般西红花球茎每亩产量700千克，花丝（干品）0.65千克，球茎和花丝平均每亩产值2.4万元，净收入2.2万元；接茬种植一季水稻，每亩产稻谷550千克，产值1815元，净收入1015元，每年每亩纯收入2万余元。

（二）示范点情况

2013年在建德市三都镇梓里畈建立示范点，相对集中连片面积400亩。西红花球茎平均每亩产量750千克，在留足一亩球茎（500千克）

前提下，每亩可销售球茎250千克，收入7500元，室内培育的球茎采花丝（干品）0.8千克，收入16000元，每亩产值2.35万元，每亩水稻产量600千克，产值1980元，每亩总产值25480元，扣除直接生产成本（球茎自留不采购），每亩净收益2万余元。

三 技术要点

1. 茬口安排

11月中下旬将开花结束的西红花球茎移栽到大田进行繁育，第二年5月上中旬采挖球茎运回室内培育开花采花；5月中下旬接茬种植水稻，10月水稻收割后，随后田块经整理、翻晒、作畦后，用于西红花球茎繁育。

2. 西红花球茎大田繁育技术

（1）移栽前准备。

1）选地整地。选疏松肥沃、保水保肥性好的壤土或沙壤土种植。田块要求地势高燥、阳光充足、排灌方便。栽种前15～20天深翻土壤，打碎土块，拣除前作残根，耙平田面。移栽前施足基肥，并起沟整平作畦，畦宽1.30米，沟宽0.25米、深0.25米，另开横沟深0.30米。

2）球茎处理。移栽前，将西红花球茎苞衣剥除，除净球茎四周侧芽。

3）施基肥。每亩施45%硫酸钾三元复合肥（N∶P∶K=15%∶15%∶15%）40～50千克，深翻入土打底；栽种前在栽种沟内每亩施入钙镁磷肥100千克。

（2）移栽。

1）移栽时间。11月中下旬选晴天移栽，最迟不超过11月底。

2）用种量。因种球大小不同，用种量不同，每亩500千克鲜球茎。

3）移栽密度和方法。在畦上按行株距（20～25）厘米×（10～15）厘米的密度栽种，栽种深度8厘米以上。栽种后，每亩用腐熟栏肥

4000～5000千克或干稻草1500千克覆盖行间作面肥，然后将沟中的泥土覆盖畦面，覆土厚度3厘米左右。

（3）大田球茎生长管理期。

1）追肥。2月，看苗施肥，苗差的每亩用三元复合肥15千克兑水浇施；2月中旬至3月中旬，用0.2%磷酸二氢钾溶液根外追肥，每隔7～10天喷一次，连喷2～3次。

2）灌溉。田间及时排灌，保持土壤湿润，严防干旱和田间积水。

3）除草。田间杂草及时手工拔除，同时去除球茎四周长出的侧芽。4月15日后停止除草。

4）收获球茎。5月上中旬，选晴天且土壤墒情适宜时段及时收获。方法是先拔除畦面老草，然后从畦的一端按次序进行挖掘，把挖出的球茎运回光线明亮、通风的室内，薄摊在阴凉、干燥的地上，摊放高度不超过20厘米。

3. 西红花球茎室内培育技术

（1）球茎抽芽前管理。

1）球茎整理上匾。存放球茎房间要求门窗完整、光线充足、通风良好，以泥地最佳，室内无鼠。球茎在室内摊放后，每隔5～7天翻动球茎，同时捡去腐烂的球茎。在休眠期内，齐顶剪去球茎残叶，剥去老根，剔除有病斑、虫斑和受伤的球茎。将整理好的球茎按单只重35克以上、25～35克、15～25克、15克以下分档，分别选出进行摊放。15克以下的球茎一般不能开花。

2）装匾上架。在地上摊放约20天后，按球茎大小分别上匾。将球茎头朝上，每匾放一层。将装好的匾放到分多层的架子上，每层放一匾，层间距40厘米，底层离地面15厘米以上。

3）萌芽前管理。西红花球茎对环境条件特别敏感，应仔细观察和调节。球茎上架后，室内以少光阴暗为主，室温控制在30℃以下，保持相对湿度60%以下。

（2）球茎抽芽、开花、采花加工。

1）抽芽至开花前管理。球茎萌芽后要进行光线和湿度的调控。当芽长3厘米时，逐渐增强室内光线，但应避免直射。之后要根据芽的长度调控室内光线强弱。即芽过长要增加光线亮度，过短则减弱光线亮度，主芽应控制在12厘米左右。另外，匾要经常上下互换位置，使球茎接受湿度和光线均匀，使抽芽整齐。

2）抹侧芽。根据球茎个体大小合理留芽，保留顶芽1～3个，不断摘除侧芽。一般35克以上球茎留芽3个，25～35克球茎留芽2个，15～25克球茎留芽1个。

3）花期管理。球茎于10月底至11月上中旬开花，开花期要求室内光线明亮，特别注意调节温湿度，最适温度为15～18℃，相对湿度保持在85%以上。

4）花的采收与加工。当西红花的花苞松开时应及时采摘。当天开花当天采，先集中采下整朵花后再集中剥花，用手指掐去花瓣，取出红色花丝。采摘时断口刚好在花柱的红黄交界处。当天采下的花丝当天加工，将花丝薄摊在白纸上，上面盖一层透气性良好的纸，然后在40～50℃文火上烘3～5小时至干。不能晒干和阴干。鲜花丝提倡用烘房或烘箱统一烘干。

4. 水稻栽培

西红花球茎繁殖田的水稻宜选择耐肥、高产、优质、抗病的杂交稻品种，如‘甬优系列’、‘中浙优8号’等。播种期山区5月上旬、半山区5月中旬、平原6月10日前，最迟在6月中旬完成，10月中下旬收割。

其他措施同水稻的正常管理。

技术指导：浙江省农业技术推广中心金昌林、张育青，
建德市农技推广中心粮油站崔东柱

第35招 水稻—黑木耳轮作技术

一 基本情况

水稻—黑木耳轮作技术利用水稻生产结束后的冬闲田作黑木耳耳场，黑木耳生产结束后部分废菌糠还田改良土壤，促进粮食生产。该技术主要在龙泉、景宁、云和、庆元等地应用。2013年，浙江省应用面积4万余亩。一般每亩产黑木耳（干品）550千克，产值3.5万元，净收入2万元；接茬种植一季水稻，每亩产稻谷510千克，产值1377元，净收入877元，年亩收入2万余元。该模式稳粮增效，是一项“千斤粮，万元钱”的生态高效模式。

出耳现场

黑木耳现场观摩

二 示范点情况

2013年龙泉市八都镇新村水稻—黑木耳轮作技术示范点，面积125亩。每亩稻田排放黑木耳8000袋，平均每袋产干耳75克，每亩产黑木耳600千克，按72元/千克计算，每袋产值5.4元，每亩产值达4.32万元，扣除生产成本1.65元/袋后，净收入3.75元/袋，每亩收入3万元。平均每亩产稻谷600千克，按2.8元/千克计算，每亩产值1680元，扣除生产成本570元/亩后，每亩收入1110元。两项合计每亩效益3.1万元。此外，该技术每亩还可节约肥料成本约100元。

三 技术要点

1. 茬口安排

5月移栽水稻，9月下旬至10月上旬水稻收割，田块经整理、翻晒、作畦后，作黑木耳耳场。8月上旬制作黑木耳菌棒，9月下旬至10月上旬将菌棒排放到大田，进行出耳管理，年底前可采收1～2潮黑木耳，次年4月黑木耳采收完毕；废菌糠经堆制发酵后还田，每亩用量3000棒左右。

2. 黑木耳生产

（1）品种选择。黑木耳品种选择抗逆性好、产量高的‘916’，水稻品种为‘中浙优8号’。

（2）培养基配方。杂木屑79%，麸皮5%，棉籽壳5%，砻糠10%，石膏0.5%，石灰0.5%。

（3）拌料装袋。按配方比例称好主料和辅料，先将麸皮、棉籽壳、石灰等辅料混合，棉籽壳应预湿，搅拌均匀，后将主料木屑堆放在干净的水泥地上，一层主料一层辅料堆放后进行干拌一次，然后加水到基料中，反复搅拌2～3次，培养料含水量55％左右。拌料应均匀、提倡机械拌料。及时装袋，将培养料装入规格为折径宽15厘米、长53～55厘米、厚0.04～0.05毫米的聚乙烯塑料袋中。

（4）灭菌冷却。一般采用常压蒸汽灭菌，料心温度达到98℃以上后保持12～14小时，料袋较大则应适当延长灭菌时间。应注意料袋放置不可过多，层与层、棒与棒之间要留有一定通气道，保持蒸汽畅通。灭菌结束后，待灭菌锅内温度自然降至60℃左右时，将料袋搬到消毒后的通风、阴凉、干净场所冷却，待料温降到自然温度，用手摸无热感时接种。

（5）接种养菌。提倡用接种箱接种，套袋培养，室外荫棚养菌，养菌场地在菌棒移入前2天进行杀虫和消毒。以墙形、“井”字形或三角形堆放菌棒养菌，并注意避光。菌丝培养过程中应根据天气和发菌情况及时调控温度，发菌初期的3～5天，室温宜控制在26～28℃，15天后应注意散堆，防止堆内温度过高而烧菌。

（6）刺孔催耳。菌丝长满耳袋时刺孔，注意不要在料与袋壁脱空或已污染部位刺孔。每支菌棒上刺孔13～14行、150～180个，孔径2～3毫米，深5毫米，呈“品”字形均匀分布。完成刺孔后及时散堆，减少单位面积菌棒堆放量，并加强通风，创造良好的通风和光照条件，促进菌丝恢复及生理成熟。刺孔催耳养菌时间一般为3～5天。

（7）出耳管理。以稻田作耳场，排场前应先清除稻田中及周围的杂草、废弃物等，然后进行翻耕暴晒，撒生石灰消毒，整成1.5米宽的耳床，并用竹片和铁丝搭成支架，耳床铺2～3厘米厚的稻草或干净的编织袋或打孔的薄膜，上方安装喷水带，耳床四周开排水沟。排场后2～3天，菌丝恢复期间需有85%以上的空气湿度，可采取在排水沟里放水或畦床喷水的办法增加空间湿度，但不能直接朝菌棒喷水。耳片长大后，可朝菌棒喷水，掌握“干干湿湿、少量多次”的原则。喷水量依耳片状态和天气状况而定。采前1～2天停止喷水。每批黑木耳采收后停止喷水一周左右，让基内菌丝恢复生长，待新耳基形成后，再按第一潮管理方法进行第二潮耳的管理。

（8）采收干制。耳片颜色转浅，由黑变褐、边缘舒展软垂、肉质肥厚、耳根收缩、腹面出现白色孢子粉时，即可采收。采收宜在雨后初晴、耳片稍干后进行，如天气干燥，采收前1天的傍晚要均匀喷水，次日晨露未干，耳片处于潮软状态时采收。如遇阴雨天气也必须采收，以免造成流耳。采下的耳片要进行清理，分开丛生的朵形。搭架晾晒。

3. 水稻栽培

耳田种植的水稻宜选择耐肥、高产、优质、抗病的杂交稻品种，如‘中浙优8号’。播种期山区5月上旬、半山区5月中旬、平原6月10日前，最迟在6月中旬完成，10月中旬前收割。

其他措施同水稻的正常管理。

技术指导：浙江省农业技术推广中心陈青，
龙泉市农业局何建芬

第36招 桑枝屑栽培黑木耳技术

（一）基本情况

浙江省有桑园97万亩，以每亩修剪量400千克测算，年产生桑枝条约40万吨。桑枝屑栽培黑木耳技术是以蚕桑产区桑枝条为原料栽培黑木耳，以桑枝屑代替杂木屑，作为生产黑木耳的主料。该技术已在淳安、开化等蚕桑产区较大规模应用，年栽培量约2000万袋，产值约1亿元。

黑木耳生产基地

（二）示范点情况

2013年淳安县临岐镇仰韩村木耳—水稻轮作示范点面积120亩，生产黑木耳100万棒。黑木耳每亩产520千克，每亩产值3.64万元，水稻每亩产550千克，每亩产值880元，每亩总产值3.728万元，每亩净收入2.5万元。

黑木耳田间生长

(三) 技术要点

1. 茬口安排

6月中下旬开始制作黑木耳菌棒,9月中旬结束制棒;室内或室外荫棚养菌,9月至10月下旬排场,11月始收, 次年5月中下旬采耳结束, 清理场地,每亩菌棒还田3000棒左右。5月中旬水稻播种,6月中下旬移栽,10月下旬收割。如果利用桑园地作耳场,则在10月下旬排场,5月底采收结束。

2. 黑木耳生产

(1) 品种选择。选择耳片厚、产量高、抗逆性强的'916'品种。

(2) 配料拌料。配方:桑枝屑80%、杂木屑10%、麸皮8%、石膏1%、石灰1%。桑木屑要求粉碎成绿豆或黄豆大小,使用前预湿。菌料边拌边加水,充分拌匀,不结块,干湿度以手紧握料,指缝间有水纹而不下滴为度,含水量50%~55%。需注意的是,主料不宜全部为桑枝屑,否则耳片颜色偏浅,麸皮添加量也要控制,否则菌棒易提早烂棒。

(3) 装袋。一般采用15厘米×55厘米×0.0045厘米筒袋。菌料拌匀后用装袋机装袋,扎紧袋口。拌料后至装料结束时间不宜超过4小时,忌堆积过夜。

(4) 灭菌冷却。将料棒移入灭菌室,灭菌开始用旺火,使温度在4~5小时内快速上升到100℃,常压100℃保持10~12小时。升火至上汽时间过长,易造成培养料酸败。灭菌结束后等锅内温度自然下降至60~70℃时趁热出锅,出锅要求轻拿轻放,搬运工具垫布或麻袋,防止刺破菌棒。菌棒搬入事先经过清洁、消毒杀菌的冷却场地,可采用来苏儿、漂白粉喷洒墙壁、空间及地面。

(5) 接种。接种时严格无菌作业,接种室、接种箱、打孔接种工具用气雾消毒剂消毒,操作人员手用酒精擦拭消毒,接种操作要熟练,尽量缩短菌种及接种穴在空气中暴露的时间, 接种后菌棒外增套一只塑料袋，减少杂菌感染概率。每批接种完毕及时清理残留物，保持场地清洁。

（6）养菌。养菌场地宜选择通风良好的室外荫棚，事先应清洁并消毒，荫棚高度宜在3.3米以上，并配有喷淋降温设施。接种初期，室内温度控制在26～28℃，使菌丝在最适条件下萌发生长。由于黑木耳养菌期正值夏季高温期间，需特别注意监测堆温，应降低堆层，叠成“井”或“△”，加大通风，温度宜控制在33℃以下，防止高温烧菌。培养45天左右，菌棒已长满白色的菌丝，有少量黑色原基形成，表示生理成熟，可择机刺孔排场。

（7）刺孔催耳。刺孔催耳宜在空间温度25℃以下时进行，高温期间刺孔的，宜安排在晴天早晚低温时段，用消毒后的黑木耳专用刺孔机，在菌棒四周刺150～180个深1～1.5厘米的出耳孔，刺孔后菌棒应按“井”字形或三角形堆放，减少单位面积堆放量，同时要加强通风管理。刺孔后养菌期间温度控制在25℃以下，湿度在80%左右，刺孔后养菌7～10天，待刺耳孔菌丝恢复后排场出耳。

（8）排场。田间耳场，四周开深30厘米排水沟。耳床整成龟背状，宽120厘米，长不限，边沟深度宜利于排水。用小木（竹）杆（竿）或铁丝搭纵向3排、高30～35厘米、行距40～50厘米的支架；桑园耳场，在修剪后的桑树根交叉部，架上竹片或修剪下来的桑枝条作支架。耳床消毒杀虫后铺上干草或稻草，上方安装微喷管。选晴朗或多云天气进行排场，在排场前一天要灌透水使耳场湿润。菌袋均匀排布，间距3～5厘米斜靠在支架上，菌棒与地面成60～70度角斜靠在支架上，每亩排菌棒8000棒，若桑园作耳场，每亩排3000～4000棒。排场后可先晒棒，视气温和天气变化情况，菌袋早晚各喷一次细水，耳芽形成时，栽培场的空气相对湿度控制在90%～95%，形成一个干湿交替的生长环境。视子实体生长而加大喷水量，做到气温低时少喷，气温高时早晚喷，中午忌喷水。晴天刮风天早晚多喷，空气干燥时增加喷水次数。

（9）采收。当耳根收缩、耳片色泽转浅由黑变褐、耳片舒展并略下垂，耳片卷边未平展，即可采收。采收前一天停止喷水。采收宜在晴天晨露未干、耳片处于潮软状态时进行，采大留小，采耳时用拇指和食指捏住耳根，稍加扭动向上一拉即可。采收后耳片应捡去杂质，丛生的朵型按耳片状掰开，晾晒时耳片朝上，耳根朝下，置于竹片或竹架等干净的地方进行晾晒。

（10）耳潮间隔期管理。黑木耳一般可采3～4批，每潮间隔15～20天。每次采收后停止喷水养菌5～7天，以利于菌丝恢复，第8天开始喷细水，使耳棒保持湿润，待新耳芽形成后进行下一潮出耳管理。

（11）病虫草害防治。遵循"预防为主、综合防治"的植保方针，采用水旱轮作，污染菌棒不可随意丢弃，应作无害化处理。黑木耳出耳期间，不准使用农药；特别是春季田间杂草，应禁止使用除草剂，以免污染黑木耳。

3. 水稻栽培

（1）品种选择。种植单季稻品种'中浙优8号'等，也可以选用生育期适中、产量高、品质优的其他杂交稻组合等。

（2）播种。5月中旬播种，可采用旱育秧培育壮秧，每平方米苗床用种量10～12.5克。

（3）适期移栽。6月中下旬及时移栽。

（4）科学施肥。每亩用3000棒菌渣堆制后还田，每亩施用碳铵30千克，过磷酸钙20千克作基肥，移栽后7～10天追施尿素7～8千克，氯化钾7.5千克，结合追肥施用除草剂，后期施好穗粒肥，每亩施尿素2.5千克。

（5）病虫草害防治。做好杂草及稻飞虱、螟虫、纹枯病等病虫草害的防治，根据疫情及时对症下药。

技术指导： 浙江省农业技术推广中心陈青，
淳安县农业局潘飞云

第37招 葡萄枝屑栽培黑木耳技术

（一）基本情况

浙江省有葡萄园38万亩，以每亩修剪量250千克测算，年产生葡萄枝条约9.5万吨。葡萄枝屑栽培黑木耳技术是一项资源化利用技术，以葡萄枝屑代替部分杂木屑作基质栽培黑木耳，并利用水稻收割后的冬闲田作出耳场地。该技术已在浦江等葡萄产区应用。

黑木耳生产基地

黑木耳基质配方试验

（二）示范点情况

2013年在浦江县杭坪镇大楼村建立黑木耳—水稻轮作技术示范点216亩，每亩黑木耳利用葡萄枝条约3200千克，每亩产干黑木耳750千克，稻谷500千克，每亩产值达5万元以上。

（三）技术要点

1. 茬口安排

7～8月，制作黑木耳菌棒，室外荫棚养菌；9～10月排场，10月至次年5月采收。水稻5月上旬播种，6月上旬移栽，9月收获。

2. 黑木耳生产

（1）品种选择。选择抗逆性强、易于管理、产量高的黑木耳品种，如‘916’、‘新科’。

（2）培养料配制。杂木屑56%、葡萄枝屑28%、麸皮5%、棉籽壳10%、石膏0.5%、石灰0.5%、含水量55%。

（3）拌料装袋。拌料均匀，严格控制含水量。筒袋采用15厘米×55厘米的聚乙烯塑料袋。装袋松紧度以人中等力抓住培养袋，料袋表面有轻凹陷指印为佳。一般装料后袋重1.5～1.8千克，高于1.8千克的含水量偏高，低于1.5千克的含水量偏低。

（4）灭菌。一般采用常压蒸汽灭菌，灶体内宜埋设温度探头，外连温度表，以便观察温度变化情况。应在4小时内将灭菌灶内温度升到100℃，保持100℃30个小时左右（具体视灭菌条件、装容量适当调整）。做到灭菌彻底，提高耳袋的成品率，加快菌丝生长。

（5）冷却。冷却室要事先做好清洁消毒工作。灭菌结束后，应待灶内温度自然下降至80℃以下开门，趁热（60～70℃）将料袋搬到冷却室冷却。待料温降至30℃以下时即可接种。

（6）接种。接种箱事先打扫干净，并用气雾消毒盒按每立方米8克对空间进行灭菌，然后将灭菌冷却后的料棒快速搬至箱内，同时将接种棒、菌种、酒精、药棉等物品带入。接种人员双手要洗干净后伸入接种箱内，再用75％的酒精棉擦拭双手和接种棒。在料棒表面均匀打3～4个接种穴，穴径1.5厘米左右，深2～2.5厘米，打穴棒要旋转抽出，防止穴口膜与培养料脱空，再用手分块塞入菌种，最后套好套袋、扎好袋口。

（7）菌棒培养。培养棚要求通风、干燥、光线暗，如果培养期间气温较高，可采取棚顶喷水降温，培养室温度控制在33℃以内。

（8）刺孔催耳。在适宜条件下，菌棒经过40～50天培养，料袋长满白色的菌丝，并有少量黑色原基形成，表示已生理成熟，用专用工具打孔。每袋打孔150～200个、孔径3～4毫米，深约0.5～1厘米。

（9）排场出耳。选择四周开阔、阳光充足、排灌方便、水质清洁、无污染的田块作耳场，最好选择单季晚稻收割后的田块。田块四周开排水沟，深30厘米；畦床整成龟背状，宽150厘米，长度不限；用木架和铁丝搭成支架，间距25～30厘米；排场前2天施石灰粉杀虫灭菌，然后在耳床上覆盖一层打孔的黑色薄膜或铺遮阳网或稻草；在耳床中间安装一条喷水带，作耳袋喷水用。海拔200～300米江浙一带山区，一般选择晴朗或多云天气在9月上旬开始进行排场，排场终期不宜迟于11月上旬。耳袋与地面成60～70度角斜靠在支架上，间距10～15厘米，均匀排布，每亩排8000袋左右。

（10）成耳管理。成耳阶段管理的关键是水分管理，喷水以“干干湿湿、少量多次”为原则。气温低时少喷水，保持耳袋湿润；气温高时喷水选择上午10时前后，下午5时以后，以早晚喷水为宜。晴天可适量增加喷水次数，阴天少喷水。采收前48小时内不喷水，让耳片自然收干，采收最好选在晴天晨露未干、耳片处于潮软状态时采收。

3. 水稻栽培

（1）品种选用。品种选用‘粤优9113’、‘中浙优8号’等耐肥、高产、优质、抗病的杂交稻组合。

（2）适时播种。海拔在200～300米浙中西部山区，一般在5月上旬播种，秧龄掌握在30天以内。

（3）合理稀植。根据土壤肥力水平，一般每亩插1.3万穴左右，如果肥力较高的田块，可以适当放宽插秧密度。

（4）合理施肥。采取“前重、中稳、后补”原则，掌握基肥占50%，分蘖肥占35%，穗肥占15%。中等肥力田基肥每亩施碳铵50千克，过磷酸钙40千克。栽后4～5天，追尿素7～10千克，钾肥10千克，中后期视苗情可少量补肥。

（5）科学管水。做到浅水插秧，深水护苗返青，薄水发棵，当每亩茎蘖数达到15万～17万时搁田，搁田宜重不宜轻，以控制最高苗和提高成穗率，拔节抽穗期不能断水，扬花后湿润灌溉，收割前一星期断水。

（6）病虫害综合防治。选用高效、低毒、对口农药，及时防治好稻蓟马、螟虫、稻虱、卷叶螟、纹枯病、稻曲病、稻瘟病、白叶枯病等病虫害，确保丰收。

技术指导：浙江省农业技术推广中心陈青，
浦江县蔬菜办公室高安忠

第38招 秀珍菇移动制冷出菇技术

一 基本情况

秀珍菇在5～9月上市，是填补夏季菜篮子的重要品种。高温期秀珍菇生产一个必不可少的技术措施是人为温差刺激处理。传统方法是将菌包移到冷库中制冷，劳动强度大，用工多；移动制冷出菇技术变“移动菌包”为“移动冷库”，劳动强度低，可减少菌包制冷环节用工90%以上，并大幅度降低菌包冷处理环节的成本，是当前劳动力紧张的条件下节约生产成本的一项先进技术。

秀珍菇产品特写

养菌现场

（二）示范点情况

2013年缙云县双溪口乡双溪口村秀珍菇技术示范点，总生产规模116万袋，应用“移动菌包”温差刺激处理46.9万包，“移动冷库”温差刺激处理69.7万包。据测算，每包产量水平相当，每万包制冷（用电）成本“移动冷库”较传统生产方式增669元，但人工费用降1972元，总成本下降1303元，示范点的69.7万菌包共节本9.1万元。

（三）技术要点

1. 生产季节

高温期秀珍菇在9月中旬制作原种，10月下旬至12月制作生产种，12月中下旬至次年3月中旬制作生产菌包。5月上旬开始逐步开包出菇，5月中下旬至9月上中旬人工制冷出菇，9月底采菇结束。10～11月为菇棚清理和材料采购准备期。

2. 技术要点

（1）定制移动制冷压缩机组。根据菇棚大小委托专业人员测算匹配的制冷量参数，确定压缩机功率，将压缩机组加装在可移动装置上，做成可移动式制冷设备。

（2）布置配套设施。包括电源线和接电箱、冷却用水塔、输水管道，根据制冷压缩机组功率确定电源线型号，在各棚架设三相电源线，安装接电箱；根据秀珍菇基地面积大小，建造适型冷却水塔；在菇棚边布设输水管道。

（3）移动制冷技术使用方法与要点。

1）合理确定制冷出菇时间。当日最高温度达到30℃以上时定为制冷出菇时间。

2）正确连接移动制冷压缩机组。将制冷设备移动到需要制冷的菇棚一侧，正确连接电源和冷却水管。

3）构建密闭制冷空间。将制冷压缩机组用大棚膜包裹在需制冷的大棚内，确保密闭不漏气。

4）设定合适制冷温度。将压缩机上下限温度确定在10～12℃。

5）确定制冷时间。第一、第二潮出菇制冷时间一般定为12～13小时，第三潮以后定为10～11小时，第六潮以后定为8～9小时。

6）注意事项。主要是防止高湿环境下制冷压缩机组的漏电跳闸和用电安全。

技术指导： 浙江省农业技术推广中心陈青，
缙云县农业局徐波

第39招
秀珍菇省力化网格式栽培技术

一 基本情况

秀珍菇是近年来发展稳定、效益较好的食用菌，通常采用菌包堆叠墙式栽培。本技术将秀珍菇传统墙式栽培改为网格式立体栽培，有利于提高菌包产量。该技术在临安、桐乡等地应用。

基地面貌

二 示范点情况

2013年在杭州市临安玲珑街道双源村秀珍菇技术建立示范点，生产规模60万包。该示范点将投料、拌料、制包、称重、装袋、灭菌、冷却、接种、养菌、出菇等整个生产主要环节连接起来，形成机械化菌包生产、网格式立体式栽培。灭菌时间8.5小时，节省能源30%。流水线机械化生产菌包较手工提高

秀珍菇出菇现场

工效20倍，单产0.4千克/包，产量8吨/标棚，产值8万元/标棚，折每亩产值22万元，总产值240万元。

（三）技术要点

1. 轨道灭菌仓技术

菌包采用轨道仓灭菌，有利于操作和蒸汽流通，灭菌时间8.5小时。

2. 洁净接种室接种技术

采用麦粒菌种，接种效率1728包/人、接种时间4.5小时，成品率97%。

3. 选用良种

选用‘台秀5766’品种。

4. 网格式立体栽培

每个大棚（240米^2），安置栽培网架60个，每个网架放置菌包336个，栽培总量20160包/棚。

5. 节能降温技术

大棚棚顶加装70厘米高的通风口，使其达到良好的通风效果，两侧通风带高度2米。大棚顶加盖遮阳率95%的遮阳网遮阴，达到遮光、降温的效果，出菇高温期，采用棚外喷淋降温。棚内安装遥控自动喷雾装置，省工、省时，以降低棚内温度，调节棚内湿度。采用“移动制冷”方式温差刺激出菇。

技术指导： 浙江省农业技术推广中心陈青，
临安市农技推广中心王高林

第40招
香菇胶囊菌种应用技术

一 基本情况

香菇胶囊菌种应用技术针对传统接种方式成品率低、花工费时的实际，将菌种颗粒化，制作成胶囊状。该技术主要应用于庆元县香菇生产中，全县年生产胶囊菌种11.5万张，折6900万颗，栽培香菇2300万棒，并辐射到福建、四川、云南、贵州、辽宁等香菇产区。采用该技术，菌棒接种成品率可达98%以上，接种快捷，工效比常规提高1～2倍，菌种用量仅为常规用量的25%，适合食用菌集约化生产。一般年份香菇每亩产（层架栽培每亩栽2万棒）1.6万千克，每亩产值12.8万元以上，也是庆元县“香菇标准化栽培”的主要技术内容。

胶囊菌种

胶囊菌种接种菌棒

（二）示范点情况

2013年在庆元县松源街道东瓜源香菇标准化示范基地建立示范点，示范规模110万棒。据测算，平均菌棒接种成品率98.4%，与常规袋式菌种相比，菌棒成品率提高6.5%，接种工效提高2倍以上，平均每万棒节支降损1633元，示范点累计省工节本降耗17.96万元。

（三）技术要点

香菇胶囊菌种栽培技术与常规袋式或瓶式菌种栽培技术相比，其他技术一致，仅在接种环节上以胶囊菌种取代常规菌种，在接种方法、菌种保质期、菌棒刺孔通气方面有其特定要求。

1. 栽培季节

3月上旬至6月下旬接种，具体时间根据选用品种的菌龄长短确定；接种后至9月下旬为发菌管理、刺孔通气、转色、越夏管理阶段；出菇管理、采收期为10月至次年4月。

2. 胶囊菌种保质期

胶囊菌种在常温条件下不宜过久存放，应在购种后2～8天内及时接种。如果使用冷库低温保藏，保存期15～20天。

3. 胶囊菌种接种技术

（1）消毒。采用气雾消毒剂对接种室、菌棒和接种工具进行严格消毒（但胶囊菌种不能一起气雾消毒，以免气雾消毒剂杀死胶囊菌种菌丝导致不发菌）。对胶囊菌种蜂窝板、专用打孔棒、操作人员双手等用“接种灵”或75%的药用酒精等表面擦拭消毒。

（2）打孔。用胶囊菌种专用打孔棒，每根菌棒打孔3个，边打孔边接种。

（3）接种。每棒接种3个孔，取种时右手食指轻按菌种透气盖，左手食指从菌种底部向上托，然后用右手大拇指和食指轻轻夹住盖子取出菌种，迅速塞入菌棒接种孔内，轻压盖子使其与菌袋表面密封。不得用手去触摸透气盖以下的菌种部位。

4. 菌棒养菌管理

胶囊菌种用种量少于常规菌种，为确保菌丝尽快定植，宜选择气温（室温）10～25℃时接种。如在低温季节接种，应对养菌室采取保温、加温措施，以确保菌丝尽快定植。

胶囊菌种接种的菌棒第一次刺孔通气时间比常规菌棒适当提前，并适当增加刺孔数，其他养菌技术与常规一致。

5. 出菇管理

出菇管理技术同常规模式。

技术指导：浙江省农业技术推广中心陈青，
庆元县食用菌科研中心叶长文

第41招 棚栽果蔗促早高效集成技术

（一）基本情况

棚栽果蔗促早高效集成技术针对冬季霜冻、早春低温、夏季台风、上市集中影响果蔗的产量、质量、价格的实际，采用大棚保温防冻、固蔗防台、错峰上市创优价等措施，实现增产增收。该技术主要分布在温岭果蔗种植带，全市应用面积1200余亩。一般年份果蔗每亩产7500千克以上，每亩产值7600元以上，高的可达万元以上，是温岭市果蔗的主要高效种植模式。

果蔗生产现场

果蔗采收

（二）示范点情况

2013年在温岭市泽国镇上庄村建立示范点，面积128亩。据调查，128亩实施区平均每亩产8083千克，总产1034吨，平均每亩产值7632元，总产值97.7万元，平

均每亩净产值3581元，总净收入45.8万元，较周边每亩产量增2050千克，每亩净收入增2450元。其中示范户张国春种植31亩，平均每亩产量8126千克，每亩产值8414元，每亩净收入4089元。

（三）技术要点

1. 播前准备

（1）田块选择。宜选连作种植田块，或前作是蔬菜、西瓜地。

（2）及时翻耕。前作采收后，深翻耕，改善土壤团粒结构，提高土壤保水保肥能力。

（3）精细整畦。双行种植，畦宽2.8米，劈行挖土，每亩施45%硫酸钾三元复合肥（15∶15∶15）30千克作基肥，然后将畦整成屋脊形待种。

（4）备足毛竹弓。中棚毛竹弓长4米，弓间距1～1.2米，每亩约200根。

（5）备足薄膜。0.025毫米厚、4米宽无滴高保温薄膜，每亩20千克左右，或0.015毫米厚无滴地膜每亩8千克。

（6）备足种段。要选用含营养物质丰富、生长在连作蔗地、蔗芽饱满健壮、无花叶病、无品种混杂的果蔗蔗茎做种。最好选用脱毒组培苗。

2. 适时播种

最佳播期在10月12日至11月5日。播种方式为直条播地膜覆盖，排足种段，每段4～5芽，每亩1000～1100段，每亩施三元复合肥20千克。然后用脚踏种段使其与土紧密接触，再施3%辛硫磷颗粒剂每亩4千克，覆土3～4厘米。土面喷除草剂防治杂草，最后覆盖地膜，压紧膜边，防止漏风。

3. 播后管理

（1）破膜露苗。果蔗开始出苗后，每隔1～2天破膜露苗一次，避免幼苗烧伤。

（2）间苗定苗。果蔗长到六叶期时，分蘖开始出土，采用主茎留苗为主，去掉无效分蘖，每亩预留苗3200～3300株为宜。

（3）促苗肥。每亩每次可用三元复合肥5～10千克加尿素1.5～3千克，分别在四叶期、六叶期加水浇施2次。

（4）适时揭膜。一般在2月底及时揭去小弓棚膜，当气温稳定在20℃以上时，最迟在5月25日前及时揭去顶膜，有利于蔗茎增粗，6月底前揭去地膜。

（5）温度管理。薄膜上取通风洞调温是解决棚蔗双膜覆盖栽培防止高温烧苗的最佳途径，它能控制棚温稳定在20～38℃，满足了果蔗生长适宜温度要求。

取洞调温方法：4月上旬可单边取通风洞，也可两边取，洞的面积宜小，洞数也少些，确保棚内的增温效果。生产上要求通风洞为半圆形，直径为10厘米左右，洞间距为2.5～3.0米，两边取的洞间距增一倍，且洞口要相对错开。如4月中旬遇26℃气温，当天应增加洞数一倍，即采用两边取洞，确保棚内最高温控制在38℃以内。如4月下旬当气温达29℃时，加宽通风口直径达到20厘米左右，控制棚温在38℃以内，所以4月是棚蔗双膜覆盖栽培调温关键月份。5月调温要依据苗情加大取洞数，当蔗苗叶片较大面积与薄膜贴在一起时要通过取小洞取出叶片，使叶片生长在正常的自然环境中，便于光合作用，同时也有炼苗的作用。

取洞调温初始日为4月上旬，即当地天气预报日最高气温为23℃时，力争在上午9时前取洞结束，调温效果大小决定于通风洞面积的大小和洞数，随着季节的变化和气温的回升，及时增加通风洞面积和洞数，这样可以获得很好的调温效果，控制膜内最高温不超过40℃，以免烧苗。

4. 伸长期管理

（1）清园培土与施肥。果蔗每亩总施肥量三元复合肥150千克加尿素25千克，其中基肥占30%，追肥占70%，分5次施肥。果蔗长势较好的，一般在4月上旬单边揭膜，进行清园培土施肥管理，在畦中间掀开地膜后，将地膜用竹片撑起，清理杂草弱苗，结合培土每亩施三元复合肥30千克并将畦中间土向植株根部培土6厘米高，再喷除草剂防治杂草，注意不要喷到蔗叶上，最后重新盖好薄膜。第一次开沟培土，在果蔗开始拔节伸长时，一般是6月中旬，结合清沟每亩施三元复合肥30千克，加宽沟面至50厘米，沟加深3厘米，向植株根部培土6厘米高。第二次开沟培土，果蔗株高伸长到50厘米以上，加深沟底5厘米并粉碎泥土，每亩施碳铵30千克加三元复合肥30千克混在沟泥中培护在植株根部，促使植株长新根，满足果蔗节间伸长对水分及营养的需要，切忌用大土块护根。

（2）防治病虫。当果蔗长到三叶期后，注意螟虫和地下害虫的防治。要及时掌握病虫情报，每代螟虫防治要分前峰、中峰、后峰3次进行，并兼治蓟马、红蜘蛛、地下害虫。后期要防治蚜虫2～3次。

（3）剥叶定株。果蔗拔节后要经常清理老叶，一般15天剥一次，上部留8～9叶，最后一次上部留6张叶片，每亩留株2900～3300株为宜。

（4）水分管理。果蔗前期以干湿为好，土壤持水量60%左右，中期伸长旺盛期，土壤持水量80%为宜。后期至成熟期，土壤水量从60%逐渐下降到40%，有利于糖分积累。

（5）突发性自然灾害管理。如出现突发性自然灾害，即热带风暴、暴雨大风造成果蔗倾斜倒伏，要尽快组织劳动力，争取在2～3天内将植株扶正，以防蔗株变形。

技术指导：浙江省农业技术推广中心金昌林，
温岭市农业技术推广站王文华

第42招
棉田套种豌豆节本增效技术

（一）基本情况

棉田套种豌豆节本增效技术针对棉花种植密度低、收获后接茬植棉空闲时间较长的特点，借助棉秆作为豆蔓攀爬支架，实施棉田套种豌豆。该技术主要应用在兰溪市女埠、游埠等乡镇棉区，种植面积4500余亩，每亩产棉花籽棉300～350千克，豌豆鲜荚500～700千克，总产值6000元以上。收获后的豆蔓用于还田，有利于改良土壤结构，提高肥力，有利于农业的可持续发展。

套种的豌豆特写

（二）示范点情况

棉田套种豌豆的田间生长情景

2013年在兰溪市女埠街道泽基村建立示范点，面积1150亩，平均每亩产豌豆鲜荚535.3千克，每亩产值4656.65元；平均每亩产籽棉358.5千克，每亩产值3225.88元，总产值7882.53元。其中泽基村的汤荣富1.5亩棉田套种豌豆每亩产豌豆鲜荚677.7千克，每亩产值5895.99元；平均每亩产

籽棉385.7千克，每亩产值3471.43元，每亩总产值9367.42元。

三 技术要点

1. 茬口安排

棉花4月中旬育苗，5月中旬移栽，11月底采收完毕；豌豆11月上中旬播种，套种在棉株旁，4月底开始采摘，5月上旬采收结束，并拔杆整地，移栽棉花。

2. 棉花栽培

（1）品种选择。选用‘中棉所87’、‘中棉所63’、‘湘杂棉8号’、‘鄂杂棉10号’等茎秆粗壮、抗倒伏的优质高产抗虫杂交棉品种。

（2）适时播种。以气温稳定通过15℃为宜，通常在4月15日左右，“冷尾暖头”抢晴播种，营养钵育苗，小拱棚薄膜覆盖。

（3）合理密植。根据棉苗及天气情况，5月中下旬移栽，当棉苗3～4片真叶时，抢晴移栽。宽行稀植，行距0.9～1.0米、株距0.4米左右，密度1600～1800株/亩。

（4）科学施肥。根据早施苗肥，稳施蕾肥，重施花铃肥，补施盖顶肥的施肥原则，氮肥苗肥占15%，蕾肥占20%，花铃肥占45%，盖顶肥占20%。抗虫棉对钾肥的需要量较普通棉花要多，加大花铃期钾肥的使用量，以防早衰。

（5）加强田间管理。苗期重点做好中耕松土、查苗补缺等，花蕾期主要是化学调控、适时打顶等，做好清沟排水，防止雨后积水。遇干旱采取沟灌，以傍晚或早晨为宜，要求灌满沟而不上畦面，2～3个小时后及时排干。

（6）做好病虫害防治。因采用抗虫棉品种，棉铃虫和红铃虫害发生轻，主要做好蚜虫、红蜘蛛等虫害防治，后期注意防治斜纹夜蛾等。近年来，棉盲蝽发生有加重的趋势，应引起重视，及时施药防治。

（7）及时采收。通常7天采收一次；僵瓣花、虫伤花要分开；不同等级花分开晒；选好贮存容器，防异性纤维混入和回潮。

3. 豌豆栽培

（1）选用良种，适期播种。选用‘成驹30日’、‘大荚’、‘浙豌1号’等良种，每亩用种量2～2.5千克，11月上中旬播种。

（2）合理密植，优化群体。一般每亩播2000～2500穴，播在棉畦的两侧，交叉播种，每穴播种3～4粒；播后覆土盖籽，采用乙草胺等喷施，进行芽前除草。

（3）科学施肥，适施硼肥。下种时磷肥作基肥，每亩施15千克，越冬后每亩施45%硫酸钾三元复合肥（15∶15∶15）10千克，开花结荚期分两次追肥，每次施尿素8千克加硼砂0.5千克，后期喷施磷酸二氢钾根外追肥。

（4）加强田间管理。播前轻度整畦，清除杂草；出苗后及时查苗补缺确保全苗齐苗；当蔓长到30～40厘米时，及时引蔓上棉秆。开春后适时做好中耕除草工作；做好清沟防渍工作，遇干旱则要及时沟灌，保持土壤湿润。

（5）做好病虫害防治。潜叶蝇、蚜虫、菜青虫、斜纹夜蛾是豌豆的主要害虫，应做好防治工作，同时还要注意蜗牛的危害。根腐病、立枯病是土传病害，可用多菌灵等进行防治。同时做好白粉病的检查和预防。

（6）适时采收，确保品质。4月中下旬开始采收，分期分批进行采摘。如种植荷兰豆由于食用全荚，要求在豆荚长大豆粒未鼓起时采收扁平豆荚，过早采收荚小产量低，过迟纤维多、品质下降。

技术指导： 浙江省农业技术推广中心金昌林，
兰溪市农作站黄洪明

第43招
杜鹃花扦插快繁技术

一 基本情况

杜鹃花是嘉善县花，栽培历史悠久，盆栽造型独特，在历届全国杜鹃花展获奖甚多，近年来已发展成盆栽杜鹃产业。随着产业发展销量剧增，杜鹃花的幼苗繁育成了产业发展的瓶颈，经反复试验，研发了“杜鹃花春秋二季穴盘扦插快速繁育技术”，在不增加苗床面积的前提下使杜鹃花幼苗繁育量增长一倍。该技术利用春季气温回升、大棚双层遮阴，秋季气温缓降、大棚双膜覆盖等措施，采用春秋一年二季穴盘扦插快速繁育技术，提高了杜鹃扦插苗的成活率，缩短了杜鹃盆花生产的周期，每亩产值达3万元以上，扣除生产成本后，每亩净收入1万元以上。该技术目前主要在嘉善县魏塘等杜鹃花生产基地使用，并已在美国西雅图市郊建立了生产基地，将国内培育的杜鹃花苗发运至美基地继续栽培后在美国市场销售。

盛开的杜鹃花

杜鹃花育苗

（二）示范点情况

2013年在嘉善县魏塘杜鹃盆景园建立示范点，面积107亩，两季共繁育杜鹃花苗120万株以上，按每株售价2.5元计，年产值300万元。

（三）技术要点

1. 春季扦插

（1）基质选择。选用进口草炭替代国产草炭，采用与珍珠岩8∶2混匀，以促进扦插苗根系生长，杜绝穴盘内杂草的生长。

（2）双层遮阴。5月中旬杜鹃枝条扦插后，小拱棚外盖一层薄膜，并盖上遮阳网，在外层大拱棚上再盖上一层遮阳网，总遮光率80%左右，一直到9月下旬起苗。

（3）温湿度控制。杜鹃枝条扦插好后，小拱棚密闭30天左右，温度控制在25～30℃，相对湿度控制在90%左右，30天后打开小拱棚一头棚门(晚上打开,白天关闭)适度通风,并密切注意插穗,如有叶片下垂现象即进行喷雾并再度封紧棚口。一头棚门通风15天后可将两头棚门打开增加通风量,再经过15天后揭去薄膜。温度控制尽量不超过35℃,如遇特殊高温应在遮阳网上喷水降温。相对湿度控制在50%左右。

(4)成苗标准。幼根15条左右,根长8～10厘米,叶片数量12片以上。

2. 秋季扦插

(1)基质选择。与春季扦插基质相同。

(2)插穗处理。秋季扦插的插穗处理与春季不同,由于10月上旬部分插穗枝条顶芽已开始孕蕾,所以每根插穗在扦插前必须摘去顶芽。以免扦插成活后顶芽花蕾开花而过多消耗营养,影响小苗抽芽成长。

(3)双层保温。10月上旬秋季扦插后气温已开始逐步下降,扦插完成后小拱棚外盖一层薄膜,再盖上一层遮阳网即可。到11中旬气温明显开始下降,在气温低于10℃时应在外层大拱棚上再盖上一层薄膜保温,并撤去遮阳网提高光照率,注意防冻保暖,一直到3月下旬新芽抽发至6～8厘米时即可起苗。

(4)温湿度控制。杜鹃枝条扦插好后,进入11月起小拱棚应一直保持一层薄膜密封,遮光率不能高于50%。随着气温的下降应逐步减少浇水量,尽量让水分能在棚内蒸发循环,使棚内相对湿度保持在70%～90%即可。这样可使穴盘内基质保持透气性,不至于过湿而影响插穗新根生长。进入3月以后气温逐渐升高插穗新芽开始抽发,并随新叶的生长小苗需水量逐渐增加,此时仍应适度增加浇水。

(5)成苗标准。幼根15条左右,根长8～10厘米,叶片数量12片以上。

技术指导:浙江省农业技术推广中心金昌林,
嘉善县林业蚕桑站芮利刚

第44招
浙贝母/春玉米/秋大豆旱地新三熟种植技术

一 基本情况

浙贝母/春玉米/秋大豆旱地新三熟种植技术根据浙贝母种植季节时空差异及栽培的要求，从当地实际出发，创新种植模式，通过科学接茬、引进良种、适时播种、合理配置，提高土地利用率。该技术主要分布在东阳、磐安等浙贝母种植区，年应用面积1500亩左右，每亩产值2.5万元左右，每亩净收入1万元以上。

浙贝母生产现场

（二）示范点情况

2013年在东阳市千祥镇大路村建立示范点，面积600亩。经东阳市农业局验收，示范点平均每亩产浙贝母362.6千克、玉米335.2千克、大豆165.4千克，每亩总产值30472元，每亩纯收益14058元，每亩增加效益2247元，实现粮钱双丰收。

（三）技术要点

1. 茬口安排

9月底10月初播种浙贝母，次年5月上旬收获；4月上中旬套种春玉米，7月中下旬收获；6月下旬至7月上旬在玉米收获前套种秋大豆，9月底收获。

2. 浙贝母栽培

选用高产良种'浙贝1号'，畦宽0.9米，沟宽0.25米，9月底10月初播种，每畦6行，行距0.15米、株距0.1～0.13米，密度3万～3.5万丛/亩。增施腐熟农家有机肥和商品有机肥。及时摘花打顶，在植株有2～3朵花开放时选晴天露水干后摘花，将花连同顶端花梢一并摘除。病害主要有灰霉病、黑斑病、软腐病，虫害主要为蛴螬，要根据病虫发生情况及时选用对口农药进行防治。5月上中旬在浙贝母地上部枯萎后选晴天采挖，规范生产加工，推广浙贝母无硫加工技术。

3. 春玉米栽培

4月上中旬套种春玉米，每畦畦边种一行，行距0.6米、株距0.25～0.3米，密度3700～4500株/亩，7月中下旬收获，秸秆用粉碎机粉碎或铡刀切碎（一般3～5厘米），湿透水（含水量在70%左右），并混入适量的已腐熟有机肥，拌匀后堆成堆，上面用泥浆或塑料布盖严密封，经25天左右堆沤腐熟后直接施入田块，还田量每亩250千克。

4. 秋大豆栽培

6月下旬至7月上旬在玉米收获前套种，行距0.6米、株距0.2～0.25米，密度4500～5500株/亩，9月底收获，收获后的秸秆直接覆盖在已播种浙贝母的畦面上，每亩还田量500千克。

技术指导：浙江省农业技术推广中心金昌林、姜娟萍，
东阳市农技推广中心 胡红强

旱粮篇

HAN LIANG PIAN

种 田 致 富 50 招

第45招
蚕豆/春玉米—夏玉米—秋马铃薯多熟制技术

一 基本情况

松阳县地处浙南山区，具有春季回温快、光照足等特点，适合作物早熟早收早上市。鲜食蚕豆、玉米是松阳县的优势产业，2012年播种面积分别为1.5万亩和1.7万亩。其中，蚕豆—玉米—玉米种植模式近万亩。近年来，为进一步提高复种指数和农田生产效益，开展了以经济高效、粮食高产和可持续发展的多熟制农田耕作制度创新，研究推广了鲜食蚕豆/春玉米—夏玉米—秋马铃薯多熟制种植技术（秋马铃薯收获前套种蚕豆，开始第二轮循环），实现一年四种四收，全年每亩产值在万元以上，真正实现“吨粮万元”。该技术模式较大幅度提高了农田复种指数，比原来三熟制增加产值20%以上；且多熟秸秆还田，改良土壤，达到土地用养结合，经济、社会和生态效益明显。

蚕豆打顶后增加通风透光，减少营养消耗并提早成熟

蚕豆收获后将植株覆盖在玉米基

蚕豆初荚期打顶，中后期在行间套入玉米

（二）示范点情况

2013年在松阳县叶村乡建立新技术示范点200亩。据测产调查，每亩产蚕豆鲜荚752千克、春玉米1108千克、秋玉米1016千克、马铃薯1050千克，实现总产值10608元，每亩净利5559元，比一年三熟模式每亩增收2504元。

（三）技术要点

1. 茬口安排

蚕豆在10月下旬播种，4月下旬采收；春玉米2月下旬小拱棚保温育苗，3月下旬移栽，6月中下旬采收；夏玉米6月中旬育苗，下旬移栽，9月上旬采收；马铃薯9月中旬播种，11月下旬开始陆续收获上市。

2. 蚕豆栽培技术

(1) 选用良种。选用‘慈蚕一号’品种。该品种产量与‘日本大白蚕’差异不大，但其荚型较大，三粒以上荚比例达41.1%，比同类荚型的‘日本大白蚕’提高4.9个百分点，而且品质优、商品性好、市场畅销。

(2) 适时早播、合理稀植。蚕豆适时早播，是充分利用冬前温暖气候促进分枝早发，建立高产群体的关键。蚕豆的适宜播种期为10月下旬至11月上旬。晚稻收割后，按畦连沟宽1.5米开沟作畦，畦面宽1.1～1.2米。在畦中间播种一行蚕豆，株距30～35厘米，每亩1400株左右，每穴播1粒种子。出苗后及时进行查苗补缺。

(3) 增施有机肥、配施磷钾肥。增施有机肥有利于蚕豆减轻连作障碍；磷肥能促进根瘤菌的活力，形成更多的根瘤，增强固氮作用；钾肥能使茎秆健壮，增强抗病力。蚕豆出苗后每亩施复合肥20～25千克，有机肥500千克，6～7叶期结合培土每亩施复合肥40千克，促使幼苗早发，健壮生长。蚕豆开花结果期所需养分占全生育期所需养分的50%以上，如养分供应不足，就会导致花、果脱落，有效荚数和粒数减少，产量下降，适时施用花肥能增果增粒，有效提高蚕豆荚果产量。因此，在蚕豆现蕾和初花期，均应酌情施肥，一般每亩施复合肥30千克或尿素8～10千克；蚕豆打顶摘芯后，每亩施尿素10～15千克，提高蚕豆有效荚果率。同时，结合防病治虫在蚕豆花前、花后叶面喷施硼、钼肥和磷酸二氢钾2～3次。

(4) 及时摘芯抹芽，培育健壮有效分蘖。摘芯是促进蚕豆分枝、早熟、早上市的一项主要栽培措施。第一次摘芯在4～5叶期，摘除主茎生长点，控制顶端优势，促使分枝早发。在2月中下旬每株选留8～9个健壮分枝，剪除弱小分枝，然后在蚕豆植株基部喷施“抑牙剂”，控制无效分枝的发生。第二次摘芯在3月中下旬蚕豆结荚初期进行，每个分枝留7～8个花节，摘除分枝顶端。蚕豆摘除顶尖控制植株高度，利于田间通风透光，控制大量养分向顶部输送，促进蚕豆早熟，同时，为后茬玉米套种提供适宜的空间环境。

（5）病虫害防治。蚕豆的主要病害有根腐病、赤斑病、锈病和潜叶蝇、蚜虫等。土壤湿度大、植株群体间通透性差，是诱发病害的主要原因。因此，除了开沟排水、降低田间湿度、改善通气条件等农业措施以外，还应在次年3月中下旬到4月上旬及时进行病害检查，若发现上述病情，及时选用对口农药进行防治，连喷2～3次，控制病害的蔓延。

3. 春玉米栽培技术

（1）品种选择。根据近年来市场销售和结合生产实践，鲜食春玉米以选用‘先甜5号’等穗型较大适宜稀植的甜（糯）玉米品种为宜，有利于田间种植安排及提高产量和效益。

（2）播种育苗。选择背风向阳，土质疏松，肥力较好的田块，按每亩大田15米^{2}做好苗床待播。每15米^{2}苗床施腐熟有机肥10千克加复合肥0.6千克。在2月下旬播种，播种后加盖小弓棚保温。出苗后注意天气变化，及时做好炼苗、防冻、防烧苗等工作，在3月中旬气温稳定时揭膜。

（3）适时移植。3月下旬移植，在畦两边各栽种一行玉米，株距35～40厘米，栽植密度每亩2200～2500株。

（4）合理施肥。玉米是需钾量较大的作物，在施肥种类上要增施钾肥。一般在玉米移栽成活后每亩施15∶15∶15复合肥10～15千克，有机肥每亩500千克。蚕豆收获后将蚕豆秸秆放置玉米基部，每亩追施高氮高钾复合肥20千克，并进行培土。大喇叭口期追施高氮高钾复合肥30千克或尿素15千克、钾肥10千克，齐穗后看苗补施尿素10～15千克。

（5）病虫害防治。玉米病虫害主要是大小斑病、纹枯病、锈病和玉米螟、蚜虫及地下害虫蝼蛄等。要根据病虫发生情况及时选用对口农药进行防治，收获前20天停止用药。

4. 夏玉米栽培技术

（1）前茬秸秆处理。在春玉米收获后及时将前茬玉米秸秆砍下排放在畦中间，施入尿素10千克促进玉米秸秆腐烂，再在畦两边挖出移栽穴（沟），同时将玉米秸秆埋入土中封严。也可以将玉米秸秆通过加工，用作奶牛饲料。

（2）短龄移栽。夏玉米一般选用甜玉米‘先甜5号’，在春玉米收获前三天播种，苗龄7天左右移栽。栽植密度要比春玉米略密，每亩2500株左右，移栽时要及时浇活棵水。

（3）防干旱。夏玉米主要在高温季节里生长，水分蒸发量较大，要防止土壤干旱缺水，如遇干旱要及时灌跑马水抗旱。

（4）巧施肥。夏玉米生长期间温度高，玉米生长进程较快，肥料利用率较高，施肥要讲究及时适量，总施肥量一般可比春玉米减少10%左右。玉米移栽成活后每亩施复合肥20千克促苗，中期看苗促平衡，大喇叭口期追施高氮高钾复合肥30千克，抽穗后看苗补施尿素10～15千克。

（5）病虫害防治。夏玉米生长期间温度高，病虫发生频率加快，要根据病虫发生情况及时做好防治工作。

5. 秋马铃薯栽培技术

（1）整理前茬玉米秸秆（方法同春玉米）。

（2）选用小整薯适时播种。秋马铃薯播种期间温度较高，种薯一般不提倡切块播种，选用30克左右的‘中薯3号’等品种小整薯做种薯。

秋马铃薯生育期短，一般播种后70天左右即可收获，在9月上、中旬播种为宜。按穴距25～30厘米在畦两边的播种沟中摆放种薯，每亩不少于3000穴。在两穴间每亩施高氮高钾复合肥25～30千克，用泥灰或腐熟有机肥盖种。

（3）中耕培土，防青皮薯。秋马铃薯出苗后要及时中耕培土，防止青皮薯发生。结合培土每亩施高氮高钾复合肥25～30千克。通过培土，在畦中间预留出下茬蚕豆播种沟，蚕豆播种出苗后，在马铃薯生长后期，可将马铃薯经叶翻向靠沟一边。

(4) 防治病害。秋马铃薯病害主要有青枯病、晚疫病等。当田间出现零星发病时，及时拔除病株减少再次侵染，喷施甲霜灵锰锌等药剂进行防治。

(5) 适时收获。在11月下旬马铃薯植株退色转黄时，即可根据市场行情逐步收获上市。

技术指导： 浙江省农业技术推广中心吴早贵，
松阳县农业局粮油站刘关海、周炎生

第46招 迷你番薯双季栽培技术

(一)基本情况

迷你番薯双季栽培是指采用保温育苗，将第一季扦插期提前到4月上旬(地膜覆盖栽培)，在第一季收获后立即剪苗扦插第二季。该技术在杭州、衢州、金华以及温州等地区都有应用，总面积约1万亩。临安市应用面积较大，主要分布在天目山、青山湖一带，面积达2000余亩。一般第一季迷你番薯每亩产650千克，第二季迷你番薯每亩产700千克，每亩总产值7500元以上，高的可达万元以上。

第一季收获后立即扦插第二季　　商品薯(第一季)

在土中的样子(第一季)

(二)示范点情况

2013年在临安市板桥镇花戏畈建立示范点,面积105亩。据测产调查,第一季在6月下旬开始陆续收获上市,平均每亩产鲜薯668千克,由于上市早,价格高,产值达4676元;第二季在9月下旬开始收获,平均每亩产量735千克,此时各地番薯已大量上市,价格相对较低,每亩产值3675元。两季合计每亩产值8351元,净利5368元。

(三)技术要点

1. 茬口安排

第一季在2月下旬开始育苗,4月初移栽,6月下旬可上市。第二季6～8月均可移栽,9～10月上市。双季栽培法亦可在第一季番薯采收前,在畦边套种薯苗,待第一季番薯采收时,把挖掘的泥土覆在薯苗旁即可成畦为第二季番薯。

2. 育苗技术

（1）选种。种薯应选择无病虫害、无机械损伤、重量150～300克薯块为宜。品种以‘心香’、‘金玉’、‘浙6025’等为主。

（2）土壤选择。宜选择土质疏松肥沃的壤土，首选偏酸性的紫色土、黄泥沙土。

（3）育苗管理。

1）选择无病种薯，排种前用80%“402”2000倍液浸种5分钟。

2）选择避风向阳肥力较好、管理方便的地块做苗床，畦宽150厘米，畦高15～25厘米，用腐熟栏肥做基肥，平整床面，四周开好排水沟。

3）一般在2月下旬开始育苗，也可适时早育。排种时要求薯块斜放，头尾方向一致，顶部向上，尾部向下，相邻薯块间隔3～5厘米，排好后浇稀粪水再覆土3厘米，然后搭棚盖膜（气温低可采用大小棚加地膜方式保温）。

4）出苗前保持床土湿润，床温28～30℃；出苗后控制床温在25℃左右。如膜内温度超过35℃，要通风散热。种薯萌发后浇施人粪尿；苗高10～13厘米时用人粪尿或复合肥加水第二次浇施；苗长15厘米以上，有5～7张大叶时，可以剪苗扦插。每剪一次苗，浇水施肥一次。

3. 大田栽培管理

（1）整地。要求在晴天进行深耕整地。采用宽垄双行栽培，宽垄距110～120厘米，垄高20～25厘米然后做直、做平垄面。

（2）扦插。一般在4月上中旬开始（前期气温较低，可用地膜覆盖栽培），宽垄双行，株距25～30厘米，采用浅平插法，将4个节位水平插或斜插入土中，二叶一芯露出地面，其余叶片埋入土中，以利薯苗成活和结薯分散均匀，提高商品率和产量。每亩扦插4500株左右，扦插成活后立即进行查苗补苗。

（3）中耕除草。第一次中耕除草在薯苗开始延藤时进行，以后每隔

10～15天进行1次，共2～3次。在生长中后期选晴天露水干后进行提蔓,其次数和间隔时间以防止不定根的发生为准。

（4）施肥。施肥总体要求:多施有机肥,增施钾肥,少施氮肥,以确保其品质和食味。基肥每亩用腐熟有机肥1000千克,结合作垄时条施于垄心。追肥要根据土壤、基肥用量及茎叶长势,分别在苗期、茎叶旺长期、薯块膨大期用尿素加钾肥施用。一般在扦插后15～20天每亩施硫酸钾型复合肥30～40千克;扦插后30天每亩施灰肥10～15千克。

（5）病虫害防治。病虫防治主要是加强防治地下害虫,以防止薯块出现虫斑而影响产品的商品性。在整个生育过程中,一般提倡以加强田间管理,如中耕除草、开沟排水、抗旱灌水、合理密植、提蔓等措施来控制病虫的发生和蔓延,不用或者控制使用化学药剂。在地下害虫较多的田块，扦插前用50%辛硫磷1000倍液喷施或用3%～5%辛硫磷颗粒剂2～3千克,拌细土15～20千克,于起垄时撒入埂心或栽种时施入窝中。并根据虫害发生情况用1%阿维菌素2000倍液防治地上害虫一次。

4. 收获

收获时间要根据当地气候、品种特点结合市场需求来确定,一般扦插后90～100天即可收获，最迟收获期在降霜之前，禁止在雨天收获。收获过程要轻挖、轻装、轻运、轻卸,防止薯皮破损和薯块碰伤。

技术指导：浙江省农业技术推广中心吴早贵，
临安市农业局农作站毛伟强

第47招 春马铃薯—水稻—秋马铃薯高效种植技术

一 基本情况

春马铃薯—水稻—秋马铃薯高效种植技术充分利用温、光、水、土等自然资源，实行稻薯水旱轮作，一年三熟，高产高效。此模式主要分布在兰溪

春马铃薯采用地膜覆盖以提早成熟

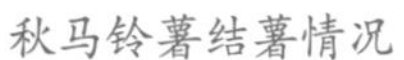

秋马铃薯结薯情况

秋马铃薯收获

秋马铃薯田间长势

市的横溪、梅江、马涧一带，应用面积3000余亩。一般年份春马铃薯每亩产量1250千克、稻谷500千克、秋马铃薯1500千克，每亩总产值7500元以上，高的可达万元以上，是兰溪市"千斤粮万元钱"的主要模式。

（二）示范点情况

2013年在兰溪市横溪镇田畈周村建立示范点，面积200亩。据调查，春马铃薯平均每亩产量1669.8千克，每亩产值4500.4元；秋马铃薯由于收购价格高，在11月下旬就收获，每亩产量1127.3千克，每亩产值4394.1元；水稻每亩产量558千克，每亩产值1674元。全年总产值达到10568.5元，是近年来马铃薯产量最高、效益最好的一年。其中农户周洪法应用此模式种植2.7亩，春马铃薯每亩产值4814.8元，秋马铃薯每亩产值4518.5元，仅马铃薯每亩净收益就达7812.3元。

（三）技术要点

1. 茬口安排

春马铃薯在12月下旬播种，次年1月下旬覆盖地膜，4月上中旬收获。水稻在4月上中旬育秧，薄膜覆盖，4月下旬至5月初移栽，8月下旬至9月初收获。秋马铃薯在9月上中旬播种，11月下旬秋马铃薯已具有一定的产量，视市场行情适时收获。

2. 春马铃薯栽培要点

（1）选用熟期早、产量高的优质良种，以'东农303'、'中薯3号'为宜，采用东北调运的脱毒种薯，每亩用种量150～175千克。

（2）翻耕整畦，畦宽以1.5～1.8米，沟宽0.25～0.3米为宜。

（3）12月下旬适期播种。适当密植，每畦4～6行，每亩栽7500穴左右，播种前将种薯切成每块带1～2个芽眼的薯块，每穴播一块。

（4）施足基肥，在每亩施猪栏肥1000千克的基础上，施用45%三元复合肥75千克，在播种时一次性施下，复合肥施用时避免与种薯接触。

（5）1月中下旬覆盖地膜，覆盖地膜前用50%赛克津等除草剂兑水喷施防除杂草。出苗后及时破膜放苗。

（6）4月上中旬当马铃薯具有一定产量、市场价格较高时及时收获上市。

3. 水稻栽培要点

（1）可以采用早稻品种'金早47'、'金早09'等，也可以选用生育期适中、产量高、品质优的杂交稻组合等。

（2）4月上中旬播种，采用旱育秧培育壮秧，每平方米苗床播种子150～200克。

（3）适期移栽，4月下旬至5月上旬春马铃薯收获后及时移栽。

（4）科学合理施肥，每亩施用碳铵40千克，过磷酸钙40千克作基肥，移栽后7～10天追施尿素10千克、氯化钾7.5千克，结合追肥施用除草剂，后期施好穗粒肥，每亩施尿素2.5千克。

（5）做好杂草及螟虫、纹枯病、细菌性病害等病虫害的防治，根据病虫情报及时对症下药。

4. 秋马铃薯栽培要点

（1）秋马铃薯品种以选用'东农303'、'中薯3号'为宜，大薯率、产量高，耐肥，抗性好。春马铃薯收获后挑选50克左右无病虫害，健壮饱满的马铃薯备作种薯，每亩备足种薯175千克左右。

（2）在9月上中旬播种为宜，山区可适当提早。

（3）基肥一般每亩施45%三元复合肥50～75千克，施肥时避免与种薯接触。

（4）种植密度控制在每亩3500穴左右，一般畦宽（含沟）1米，播种2行，采用整薯播种。

（5）播种后喷施除草剂防除杂草。当苗高10厘米左右时适当培土，避免出现青薯。如遇干旱及时灌水，以灌沟底水为宜。

（6）在霜降前后，马铃薯产量已基本形成，视市场行情适时收获。也可采用培土、稻草覆盖等保温措施就地保存。

技术指导：浙江省农业技术推广中心吴早贵，
兰溪市农业局农作站黄洪明、吴美娟

土肥篇
TU FEI PIAN
种 田 致 富 50 招

第48招
油菜、紫云英混播还田高效培肥技术

（一）基本情况

油菜、紫云英混播田间长势

油菜、紫云英混播还田是一项基于主导产业轮作制度下的土壤高效培肥技术模式。在油菜—单季稻种植制度下，油菜混播紫云英，解决了农民食用油需求，也扩种了传统绿肥紫云英。该模式使油菜和紫云英获得双高产，提高了冬作种植效益；同时紫云英和油菜秸秆一起翻压还田，有效提高了土壤培肥效果。紫云英为草本植物，茎长度120厘米左右，但生长高度低于60厘米，油菜植株高度可达120厘米，两者混播可以形成一个立体的光能利用群体，提高了光能利用率。另一方面，油菜秸秆含碳较高，碳氮比为58∶1，紫云英鲜草碳氮比为17∶1，而有机物料还田时碳氮比应在25∶1培肥效果较好，紫云英鲜草与油菜秸秆（及生长过程中的枯

枝落叶)混合还田,能达到适宜还田的碳氮比从而提高培肥效果。

该模式主要分布在兰溪市游埠镇邵家村、屠宅村,黄店镇黄店村,水亭乡西方坞村,上华街道黄家堪村,赤溪街道常满塘村,马涧镇翁月村等,全市应用面积3000余亩。一般年份紫云英鲜草平均产量1800千克/亩,试验田油菜长势基本不受紫云英混播(间作)的影响,产量200千克/亩左右,后作水稻产量约为700千克/亩,紫云英与油菜混播直接纯经济收益可达1000多元/亩。土壤有机质含量逐年提高。

二 示范点情况

该模式核心示范点位于兰溪市游埠镇邵家村，已连续种植7年，点内设立培肥效果监测点。2013年4月14日,对15块(面积40亩)核心示范点紫云英与油菜混播试验田块进行测产，紫云英鲜草平均产量1840千克/亩,试验田油菜长势良好,基本未受紫云英混播(间作)的影响,5月12日测产油菜子产量达到220千克/亩,10月20日对后作水稻进行测产,平均产量达到742千克/亩,比方外大田增产60千克/亩。紫云英与油菜混播直接纯经济收益可达1160元/亩。

据游埠镇邵家村油菜与紫云英混播核心示范点监测点统计,土壤有机质含量逐年提高。2010年10月2日基础土样测定,土壤有机质为23.4克/千克,2011年10月4日还田处理土壤样品,测定值为24.2克/千克,2012年10月4日测定值为26.3克/千克,2013年10月10日测定值为27.5克/千克，三年来土壤有机质提高了4.1克/千克，平均每年提高1.37克/千克。

三 技术要点

1. 抢时播种

本地单季稻10月初收获,应抢早带肥播种紫云英,最迟播种期为

10月25日，每亩用种量1千克左右。油菜如果是直播，每亩用种量0.2千克左右，可与紫云英同时播种；如是育苗移栽，移栽期为11月初。

2. 播后覆盖

播后机械开沟覆土，畦宽控制在1.7米以内，使碎土完全覆盖紫云英、油菜种子。

3. 科学施肥

（1）基肥：每亩施复混肥料（配合式15－6－9）20千克，并拌硼砂100克撒施。紫云英种子用钙镁磷肥25千克、钼酸铵5克拌种撒播。

（2）追肥：油菜抽薹前，每亩施用复混肥料（养分同上）25千克作为苔肥。

4. 灌水抗旱保全苗

遇干旱时应进行沟灌，保证紫云英齐苗。

5. 防除杂草

禾本科杂草三叶一芯期，用精禾草克喷雾防除。

6. 清沟防渍

越冬前，进行清沟排水，防治渍害。

7. 做好油菜病虫害防治

注意油菜蚜虫、菌核病等病虫害的发生情况，在发生初期采用相应农药对症防治。

技术指导：浙江省农业技术推广中心怀燕，
兰溪市土肥站陶云彬

第49招
蜜梨、蚕豆套种培肥增效种植技术

（一）基本情况

蜜梨、蚕豆套种培肥增效种植技术充分利用梨树冬季落叶，梨园空闲、透光的有利条件，如套种蚕豆可以充分利用温、光、水、土等自然资源，既增加作物种植面积和产量，又利用豆科作物的改土培肥功效。实行蜜梨、蚕豆套种，一年二熟，高产高效。该技术应用主要分布在富阳市新登镇，是富阳市“梨园套种”的主要种植模式，应用面积2500余亩。一般年份蜜梨每亩产量2500～3000千克，蚕豆每亩产量200～250千克，每亩总产值10000元以上。

蜜梨、蚕豆套种栽培基地

蜜梨、蚕豆套种栽培

（二）示范点情况

2013年在富阳市新登镇元村建立示范点，面积500亩。据调查，蚕豆平均每亩产量245千克，每亩产值1960元；蜜梨平均每亩产量2575千克，平均每亩产值12360元，全年总产值达到14320元，扣除生产成本，每亩纯收入达到10226元。同时通过梨园水肥一体化技术的推广和蚕豆秸秆还田，每亩减少施肥用工4工，节省化肥（折纯）12.3千克，有机肥300千克，每亩节省施肥和肥料成本766.34元，每亩提质节本增收3856.34元。

（三）技术要点

1. 茬口安排

利用梨园冬季落叶，透光好的有利时机套种蚕豆、蚕豆在11月上旬到中旬播种，5月中下旬收获。

2. 蜜梨栽培要点

采用棚架栽培，配套应用测土配方施肥及水肥一体化技术、生物及物理防治技术。

（1）品种选择。品种以‘翠冠’为好，该品种树势强健，树姿直立，花芽易形成，结果性好，丰产。果实圆形，整齐一致，平均果重250克，大果重650克，果皮暗绿色，分布有锈斑，果肉白色，肉质细脆，果心较小，汁多，味甜，含可溶性固形物12%～13%，品质佳。7月底8月初成熟，耐贮运。示范基地均采用‘翠冠’梨高位嫁接授粉技术，该技术是合作社与浙江省农业科学院园艺研究所长期合作、共同研发的成果。该技术改变了传统人工授粉劳工大、结果率差的弊端，在‘翠冠’梨高端部分直接嫁接黄花梨授粉。

（2）施肥技术。

1）秋肥（采后恢复肥）。9月上旬施采后养树肥。在树冠滴水线处挖施肥穴，每株施商品有机肥30千克、水果配方肥1千克，每亩施硼砂1.5千克、硫酸镁5千克，与土混匀施下，施后盖土。

2）催芽肥。3月下旬，采用水肥一体化施肥技术，每亩用含氨基酸液体肥料750毫升，以色列水溶肥1.5千克，在肥料溶解池里溶解后随滴管施入。

3）壮果肥。4月下旬，采用水肥一体化施肥技术，每亩用以色列水溶肥2千克，在肥料溶解池里溶解后随滴管施入。6月中旬，采用水肥一体化施肥技术，每亩用以色列水溶肥2千克，在肥料溶解池里溶解后随滴管施入。

（3）病虫害防治。以生物防治为主，梨园采用性引诱剂、黄斑网等物理防治方法，挂果期使用多康霉素2500倍液，托布津、大生3000倍液进行杀菌，盛果期禁止使用农药，允许使用少量杀菌剂——托布津3000倍液。

（4）套袋技术。4月12日选用梨果专用套袋进行幼果套袋。5月6日套袋结束。

3. 蚕豆栽培技术

11上旬至中旬播种，品种为‘日本大白蚕’，每亩用种量10千克。结合果园清理，精细整地，生石灰30千克调酸。施肥以农家肥、商品有机肥、磷钾肥为主。基肥每亩施用300千克商品有机肥，过磷酸钙25千克，硫酸钾10千克，起垄时一次性施入垄内；苗期适施速效氮肥，每亩用尿素7.5千克，花荚期配施养分配比为15∶10∶15的复合肥15千克。种子采收期5月中旬，收获后秸秆切碎还田。

技术指导： 浙江省农业技术推广中心陆若辉、孙钧，富阳市土肥站蒋玉根

第50招 春马铃薯—单季稻轮作高效培肥技术

（一）基本情况

马铃薯产量高，肥料用量大，但连续多年种植马铃薯会出现连作障碍：一是土传病虫害增加，马铃薯产量下降、品质变差，降低农民收益；二是土壤养分比例失调，肥料利用率低，肥料流失严重并且污染环境。春马铃薯—单季稻轮作高效培肥技术，通过水稻轮作，有效消除连作障碍，减少马铃薯的地老虎、疮痂病等病虫害，充分利用土壤中肥料，提高肥料利用率，减少肥料流失造成环境污染，通过水旱轮作改善土壤理化性状，加快培肥土壤。

春马铃薯长势

春马铃薯高产示范基地

二 示范点情况

金华市金东区傅村镇是远近闻名、历史悠久的马铃薯生产基地，该地区种植历史悠久，种植户主要分布在溪口、水阁、畈田蒋等8个行政村，常年种植面积近6000亩。但由于连年种植，病虫害呈不断上升态势，尽管一直采用脱毒种薯种植，产量还是逐年下降。2011年起，采用春马铃薯—单季稻轮作高效培肥技术模式，马铃薯病虫害明显减少，马铃薯表皮光亮，商品性和产量提高，300亩示范点马铃薯每亩产量3220千克，单季稻每亩产量635千克，每亩产值达到8500元，是金东区"千斤粮万元钱"的主要模式之一。同时改善土壤理化性状，减少化肥、农药用量20%以上，在马铃薯、水稻轮作三年后土壤肥力还保持在较高水平。

（三）技术要点

1. 春马铃薯

（1）选用结薯早、块茎膨大快、休眠期短、高产、优质、抗病的早熟品种，如‘中薯3号’、‘兴加2号’等，采用脱毒F1种薯。

（2）播种前每亩施商品有机肥400～500千克，翻耕、整地、做畦，畦宽1.7米。每亩施中氮低磷高钾配方肥（15－9－21）75～80千克，在播种时一次性施下，施用时避免与种薯接触。

（3）播前做好种子催芽，薯块切成25克左右，保证每块种子有1～2个芽，切块后用50%多菌灵600～800倍液浸种3分钟，晾干，伤口愈合后拌草木灰播种，播种密度（45～50）厘米×（25～28）厘米。

（4）播后选用幅宽2米、厚度0.005毫米的强力超微地膜覆盖，覆盖地膜前墒情保持湿润，最好雨后覆盖，四周压实，出苗后打孔放苗。

（5）杂草可用90%乙草胺（禾耐斯），地下害虫可用80%敌百虫（美曲膦酯）800倍＋40%锌硫磷600～800倍，建议在傍晚时施用，3月中下旬重视晚疫病的防治，采用烯酰吗啉或瑞毒霉锰锌进行防治2～3次。

（6）建议4月下旬至5月上旬当马铃薯具有一定产量，市场价格较高时及时收获。

2. 单季稻

（1）可选择‘甬优15号’、‘甬优9号’等高产品种。

（2）播前用25%“使百克”乳油2500倍液或80%402抗菌剂1500倍液进行间歇浸种消毒36～48小时，沥干后用吡虫啉或好安威拌种，防止鼠鸟危害。秧床要施足基肥，播后用幼禾葆5克/亩喷施封土并保湿除草，培育短龄壮秧，全面应用旱育秧技术。

（3）播种5月25日至30日，秧田播种量6千克/亩。6月10日至15日移栽，栽插规格26.4厘米×23.1厘米，每亩插1.0万～1.1万丛。机插栽插规格29.7厘米×19.8厘米，每亩插1.11万丛。

（4）按照高产要求，在每亩施用有机肥300千克基础上，配施化学氮11千克（折合尿素24千克）、五氧化二磷2.5千克（折合过磷酸钙20千克）、氧化钾9.0千克（折合氯化钾15千克），采用“重前、控中、保后”的施肥方法。氮肥基、蘖、穗肥比例为4∶4∶2，磷肥全部用作基肥，钾肥用作基肥和分蘖肥，各半施用。分蘖肥在移栽后7～10天施用，穗肥在倒二叶露尖时施用，齐穗期看田看苗匀施壮粒肥。

（5）做到薄水插种、浅水分蘖。除施肥、除草、防治病虫等环节保持一定浅水层外，其他时期保持土壤湿润即可；实施超前搁田，当每亩田间苗数达到15万～17万株时开始搁田，多露轻搁、搁实搁硬，以提高成穗率。活水壮苞、间歇灌溉、湿润到老，养根护鞘，防止早衰，提高结实率。

（6）秧田期重点是要做好稻蓟马、稻飞虱、纵卷叶螟的防治。在插后5～7天，要抓好大田除草工作，每亩可选用36%灵莠50克拌土施药，施时要保持水层，均匀撒施。同时要做好病虫害，特别是二迁害虫和螟虫的防治工作。

（7）甬优系列属大穗型品种，灌浆时间长，要防止割青，以提高产量。

技术指导： 浙江省农业技术推广中心陈一定、吴早贵，
金华市土肥站傅丽青